职业院校"十四五"规划餐饮类专业特色教材

全国餐饮职业教育教学指导委员会重点课题"基于烹饪专业人才
培养目标的中高职课程体系与教材开发研究"成果系列教材

餐饮职业教育创新技能型人才培养新形态一体化系列教材

总主编 ◎ 杨铭铎

U0172089

中式面点工艺

主　编　王吉林　邸元平　仲玉梅

副主编　罗　媛　张　晶　国洪涛　张　波

编　者　（按姓氏笔画排序）

王吉林　仲玉梅　刘宗艳　李　琛

邸元平　张　波　张　晶　国洪涛

罗　媛

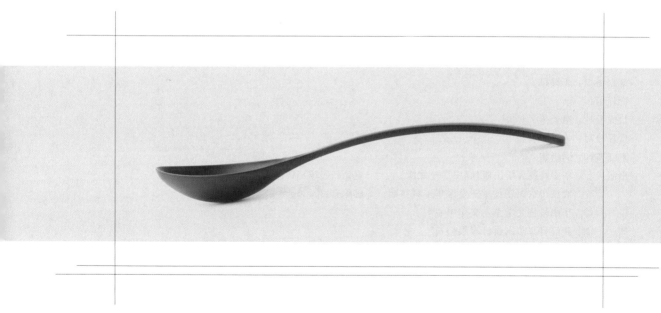

华中科技大学出版社

http://www.hustp.com

中国·武汉

内 容 提 要

本书是职业院校"十四五"规划餐饮类专业特色教材、全国餐饮职业教育教学指导委员会重点课题"基于烹饪专业人才培养目标的中高职课程体系与教材开发研究"成果系列教材、餐饮职业教育创新技能型人才培养新形态一体化系列教材。

本书主体部分分为七个模块:中式面点基础理论、中式面点制作的基本原料、中式面点器具与设备、中式面点成团工艺及原理、制馅工艺、中式面点成型工艺、熟制方法。

本书以中式面点中各门类经典产品为代表,以真实工作任务为导向组织内容,理论阐述系统、实用性强。本书可用作高等职业院校烹饪工艺与营养、中西面点及食品专业的学生教材,也可用于酒店管理与数字化运营、旅游管理等相关专业公共选修课教材,还可作为食品行业与酒店员工培训、大学生创业培训的教学用书。

图书在版编目(CIP)数据

中式面点工艺/王吉林,邸元平,仲玉梅主编.—武汉:华中科技大学出版社,2021.8(2024.1重印)
ISBN 978-7-5680-7372-1

Ⅰ.①中… Ⅱ.①王… ②邸… ③仲… Ⅲ.①面食-制作-中国-职业教育-教材 Ⅳ.①TS972.132

中国版本图书馆 CIP 数据核字(2021)第 151053 号

中式面点工艺
Zhongshi Miandian Gongyi

王吉林　邸元平　仲玉梅　主编

策划编辑:汪飒婷
责任编辑:余　雯
封面设计:廖亚萍
责任校对:曾　婷
责任监印:周治超
出版发行:华中科技大学出版社(中国·武汉)　　电话:(027)81321913
　　　　　武汉市东湖新技术开发区华工科技园　　邮编:430223
录　排:华中科技大学惠友文印中心
印　刷:武汉科源印刷设计有限公司
开　本:889mm×1194mm　1/16
印　张:9.5
字　数:276千字
版　次:2024年1月第1版第3次印刷
定　价:49.80元

全国餐饮职业教育教学指导委员会重点课题
"基于烹饪专业人才培养目标的中高职课程体系与教材开发研究"成果系列教材
餐饮职业教育创新技能型人才培养新形态一体化系列教材

丛 书 编 审 委 员 会

主 任

姜俊贤　全国餐饮职业教育教学指导委员会主任委员、中国烹饪协会会长

执行主任

杨铭铎　教育部职业教育专家组成员、全国餐饮职业教育教学指导委员会副主任委员、中国烹饪协会特邀副会长

副 主 任

乔　杰　全国餐饮职业教育教学指导委员会副主任委员、中国烹饪协会副会长

黄维兵　全国餐饮职业教育教学指导委员会副主任委员、中国烹饪协会副会长、四川旅游学院原党委书记

贺士榕　全国餐饮职业教育教学指导委员会副主任委员、中国烹饪协会餐饮教育委员会执行副主席、北京市劲松职业高中原校长

王新驰　全国餐饮职业教育教学指导委员会副主任委员、扬州大学旅游烹饪学院原院长

卢　一　中国烹饪协会餐饮教育委员会主席、四川旅游学院校长

张大海　全国餐饮职业教育教学指导委员会秘书长、中国烹饪协会副秘书长

郝维钢　中国烹饪协会餐饮教育委员会副主席、原天津青年职业学院党委书记

石长波　中国烹饪协会餐饮教育委员会副主席、哈尔滨商业大学旅游烹饪学院院长

于干千　中国烹饪协会餐饮教育委员会副主席、普洱学院副院长

陈　健　中国烹饪协会餐饮教育委员会副主席、顺德职业技术学院酒店与旅游管理学院院长

赵学礼　中国烹饪协会餐饮教育委员会副主席、西安商贸旅游技师学院院长

吕雪梅　中国烹饪协会餐饮教育委员会副主席、青岛烹饪职业学校校长

符向军　中国烹饪协会餐饮教育委员会副主席、海南省商业学校校长

薛计勇　中国烹饪协会餐饮教育委员会副主席、中华职业学校副校长

王　劲　常州旅游商贸高等职业技术学校副校长

王文英　太原慈善职业技术学校校长助理

王永强　东营市东营区职业中等专业学校副校长

王吉林　山东省城市服务技师学院院长助理

王建明　青岛酒店管理职业技术学院烹饪学院院长

王辉亚　武汉商学院烹饪与食品工程学院党委书记

邓　谦　珠海市第一中等职业学校副校长

冯玉珠　河北师范大学学前教育学院（旅游系）副院长

师　力　西安桃李旅游烹饪专修学院副院长

吕新河　南京旅游职业学院烹饪与营养学院院长

朱　玉　大连市烹饪中等职业技术专业学校副校长

庄敏琦　厦门工商旅游学校校长、党委书记

刘玉强　辽宁现代服务职业技术学院院长

闫喜霜　北京联合大学餐饮科学研究所所长

孙孟建　黑龙江旅游职业技术学院院长

李　俊　武汉职业技术学院旅游与航空服务学院院长

李　想　四川旅游学院烹饪学院院长

李顺发　郑州商业技师学院副院长

张令文　河南科技学院食品学院副院长

张桂芳　上海市商贸旅游学校副教授

张德成　杭州市西湖职业高级中学校长

陆燕春　广西商业技师学院院长

陈　勇　重庆市商务高级技工学校副校长

陈全宝　长沙财经学校校长

陈运生　新疆职业大学教务处处长

林苏钦　上海旅游高等专科学校酒店与烹饪学院副院长

周立刚　山东银座旅游集团总经理

周洪星　浙江农业商贸职业学院副院长

赵　娟　山西旅游职业学院副院长

赵汝其　佛山市顺德区梁銶琚职业技术学校副校长

侯邦云　云南优邦实业有限公司董事长、云南能源职业技术学院现代服务学院院长

姜　旗　兰州市商业学校校长

聂海英　重庆市旅游学校校长

贾贵龙　深圳航空有限责任公司配餐部经理

诸　杰　天津职业大学旅游管理学院院长

谢　军　长沙商贸旅游职业技术学院湘菜学院院长

潘文艳　吉林工商学院旅游学院院长

网络增值服务

使用说明

欢迎使用华中科技大学出版社医学资源网

 1 教师使用流程

（1）登录网址：http://yixue.hustp.com（注册时请选择教师用户）

注册 〉 登录 〉 完善个人信息 〉 等待审核

（2）审核通过后，您可以在网站使用以下功能：

浏览教学资源　　建立课程　　　　管理学生　　　布置作业　查询学生学习记录等

教师

2 学员使用流程

（建议学员在PC端完成注册、登录、完善个人信息的操作。）

（1）PC 端学员操作步骤

　　① 登录网址：http://yixue.hustp.com（注册时请选择普通用户）

注册 〉 登录 〉 完善个人信息

　　② **查看课程资源：**（如有学习码，请在"个人中心—学习码验证"中先通过验证，再进行操作）

选择课程

首页课程 　〉　 课程详情页 　〉　 查看课程资源

（2）手机端扫码操作步骤

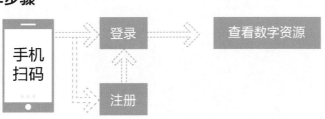

手机扫码 ⟶ 登录 ⟶ 查看数字资源

注册

开展餐饮教学研究　加快餐饮人才培养

　　餐饮业是第三产业重要组成部分,改革开放 40 多年来,随着人们生活水平的提高,作为传统服务性行业,餐饮业对刺激消费需求、推动经济增长发挥了重要作用,在扩大内需、繁荣市场、吸纳就业和提高人民生活质量等方面都做出了积极贡献。就经济贡献而言,2018 年,全国餐饮收入 42716 亿元,首次超过 4 万亿元,同比增长 9.5%,餐饮市场增幅高于社会消费品零售总额增幅 0.5 个百分点;全国餐饮收入占社会消费品零售总额的比重持续上升,由上年的 10.8% 增至 11.2%;对社会消费品零售总额增长贡献率为 20.9%,比上年大幅上涨9.6个百分点;强劲拉动社会消费品零售总额增长了 1.9 个百分点。全面建成小康社会的号角已经吹响,作为满足人民基本需求的饮食行业,餐饮业的发展好坏,不仅关系到能否在扩内需、促消费、稳增长、惠民生方面发挥市场主体的重要作用,而且关系到能否满足人民对美好生活的向往、实现小康社会的目标。

　　一个产业的发展,离不开人才支撑。科教兴国、人才强国是我国发展的关键战略。餐饮业的发展同样需要科教兴业、人才强业。经过 60 多年特别是改革开放 40 多年的大发展,目前烹饪教育在办学层次上形成了中职、高职、本科、硕士、博士五个办学层次;在办学类型上形成了烹饪职业技术教育、烹饪职业技术师范教育、烹饪学科教育三个办学类型;在学校设置上形成了中等职业学校、高等职业学校、高等师范院校、普通高等学校的办学格局。

　　我从全聚德董事长的岗位到担任中国烹饪协会会长、全国餐饮职业教育教学指导委员会主任委员后,更加关注烹饪教育。在到烹饪院校考察时发现,中职、高职、本科师范专业都开设了烹饪技术课,然而在烹饪教育内容上没有明显区别,层次界限模糊,中职、高职、本科烹饪课程设置重复,拉不开档次。各层次烹饪院校人才培养目标到底有哪些区别?在一次全国餐饮职业教育教学指导委员会和中国烹饪协会餐饮教育委员会的会议上,我向在我国从事餐饮烹饪教育时间很久的资深烹饪教育专家杨铭铎教授提出了这一问题。为此,杨铭铎教授研究之后写出了《不同层次烹饪专业培养目标分析》《我国现代烹饪教育体系的构建》,这两篇论文回答了我的问题。这两篇论文分别刊登在《美食研究》和《中国职业技术教育》上,并收录在中国烹饪协会发布的《中国餐饮产业发展报告》之中。我欣喜地看到,杨铭铎教授从烹饪专业属性、学科建设、课程结构、中高职衔接、课程体系、课程开发、校企合作、教师队伍建设等方面进行研究并提出了建设性意见,对烹饪教育发展具有重要指导意义。

　　杨铭铎教授不仅在理论上探讨烹饪教育问题,而且在实践上积极探索。2018 年在全国餐饮职业教育教学指导委员会立项重点课题"基于烹饪专业人才培养目标的中高职课程体系与教材开发研究"(CYHZWZD201810)。该课题以培养目标为切入点,明晰烹饪专业人才培养规格;以职业技能为结合点,确保烹饪人才与社会职业有效对接;以课程体系为关键点,通过课程结构与课程标准精准实现培养目标;以教材开发为落脚点,开发教学过程与生产过程对接的、中高职衔接的两套烹饪专业课程系列教材。这一课题的创新点在于:研究与编写相结合,中职与高职相同步,学生用教材与教师用参考书相联系,资深餐饮专家领衔任总主编与全国排名前列的大学出版社相协作,编写出的中职、高职系列烹饪专业教材,解决了烹饪专业文化基础课程与职业技能课程脱节,专业理论课程设置重复,烹饪技能课交叉,职业技能倒挂,教材内容拉不开层次等问题,是国务院《国家职业教育改革实施方案》提出的完善教育教学相关标准中的持续更新并推进专业教学标准、课程标准建设和在职业院校落地实施这一要求在烹饪职业教育专业的具体举措。基于此,我代表中国烹饪协会、全国餐饮职业教育教学指导委员会向全国烹饪院校和餐饮行业推荐这两套烹饪专业教材。

习近平总书记在党的十九大报告中将"两个一百年"奋斗目标调整表述为:到建党一百年时,全面建成小康社会;到新中国成立一百年时,全面建成社会主义现代化强国。经济社会的发展,必然带来餐饮业的繁荣,迫切需要培养更多更优的餐饮烹饪人才,要求餐饮烹饪教育工作者提出更接地气的教研和科研成果。杨铭铎教授的研究成果,为中国烹饪技术教育研究开了个好头。让我们餐饮烹饪教育工作者与餐饮企业家携起手来,为培养千千万万优秀的烹饪人才、推动餐饮业又好又快地发展,为把我国建成富强、民主、文明、和谐、美丽的社会主义现代化强国增添力量。

全国餐饮职业教育教学指导委员会主任委员

中国烹饪协会会长

出版说明

《国家中长期教育改革和发展规划纲要(2010—2020年)》及《国务院办公厅关于深化产教融合的若干意见(国办发〔2017〕95号)》等文件指出：职业教育到2020年要形成适应经济发展方式的转变和产业结构调整的要求，体现终身教育理念，中等和高等职业教育协调发展的现代教育体系，满足经济社会对高素质劳动者和技能型人才的需要。2019年2月，国务院印发的《国家职业教育改革实施方案》中更是明确提出了提高中等职业教育发展水平、推进高等职业教育高质量发展的要求及完善高层次应用型人才培养体系的要求；为了适应"互联网＋职业教育"发展需求，运用现代信息技术改进教学方式方法，对教学教材的信息化建设，应配套开发信息化资源。

随着社会经济的迅速发展和国际化交流的逐渐深入，烹饪行业面临新的挑战和机遇，这就对新时代烹饪职业教育提出了新的要求。为了促进教育链、人才链与产业链、创新链有机衔接，加强技术技能积累，以增强学生核心素养、技术技能水平和可持续发展能力为重点，对接最新行业、职业标准和岗位规范，优化专业课程结构，适应信息技术发展和产业升级情况，更新教学内容，在基于全国餐饮职业教育教学指导委员会2018年度重点课题"基于烹饪专业人才培养目标的中高职课程体系与教材开发研究"(CYHZWZD201810)的基础上，华中科技大学出版社在全国餐饮职业教育教学指导委员会副主任委员杨铭铎教授的指导下，在认真、广泛调研和专家推荐的基础上，组织了全国90余所烹饪专业院校及单位，遴选了近300位经验丰富的教师和优秀行业、企业人才，共同编写了本套餐饮职业教育创新技能型人才培养新形态一体化系列教材、全国餐饮职业教育教学指导委员会重点课题"基于烹饪专业人才培养目标的中高职课程体系与教材开发研究"成果系列教材。

本套教材力争契合烹饪专业人才培养的灵活性、适应性和针对性，符合岗位对烹饪专业人才知识、技能、能力和素质的需求。本套教材有以下编写特点：

1. 权威指导，基于科研　本套教材以全国餐饮职业教育教学指导委员会的重点课题为基础，由国内餐饮职业教育教学和实践经验丰富的专家指导，将研究成果适度、合理落脚于教材中。

2. 理实一体，强化技能　遵循以工作过程为导向的原则，明确工作任务，并在此基础上将与技能和工作任务集成的理论知识加以融合，使得学生在实际工作环境中，将知识和技能协调配合。

3. 贴近岗位，注重实践　按照现代烹饪岗位的能力要求，对接现代烹饪行业和企业的职业技能标准,将学历证书和若干职业技能等级证书("1+X"证书)内容相结合,融入新技术、新工艺、新规范、新要求,培养职业素养、专业知识和职业技能,提高学生应对实际工作的能力。

4.编排新颖,版式灵活 注重教材表现形式的新颖性,文字叙述符合行业习惯,表达力求通俗、易懂,版面编排力求图文并茂、版式灵活,以激发学生的学习兴趣。

5.纸质数字,融合发展 在媒体融合发展的新形势下,将传统纸质教材和我社数字资源平台融合,开发信息化资源,打造成一套纸数融合一体化教材。

本系列教材得到了全国餐饮职业教育教学指导委员会和各院校、企业的大力支持和高度关注,它将为新时期餐饮职业教育做出应有的贡献,具有推动烹饪职业教育教学改革的实践价值。我们衷心希望本套教材能在相关课程的教学中发挥积极作用,并得到广大读者的青睐。我们也相信本套教材在使用过程中,通过教学实践的检验和实际问题的解决,能不断得到改进、完善和提高。

前言

近年来,随着我国社会经济的发展,人民生活水平的提高,餐饮业变化日新月异,面点产业成长迅速,从业人员队伍日益壮大,面点制作人才需求出现了供不应求的局面。作为全国餐饮职业教育教学指导委员会重点课题"基于烹饪专业人才培养目标的中高职课程体系与教材开发研究"的重要成果之一,在"中式面点工艺"课程开发过程中,编者将餐饮行业对面点制作人才职业能力的需求和职业技能标准相融合,编写了这本《中式面点工艺》高职教材。

"中式面点工艺"是面点及其相关专业的核心课程,本书以培养学生面点制作工艺知识能力为目标,最终让学生掌握中式面点制作工艺技术,成为行业合格人才。内容编排上突出了职业教育特色,强调对学生职业素养和专业能力的培养。本书关注中式面点发展的最新动向,顺应行业发展轨迹。概述了中式面点基础知识、各种面点原料知识、中式面点制作知识及技术等。通过学习,学生可以达到上岗要求,获得高级及以上专业技术等级资格。

本书通过对基本知识点和技术技能、方式方法、动作要领等内容的讲解示范,激发学生学习兴趣,将理论运用与实际操作过程相结合,完成高等职业教育的知识储备和技艺能力提升。本书遵循专业技艺的工序环节,由基本概念、基础知识到最终完成专业面点制作的复杂过程,遵循学生从简单到复杂的认知规律,增加了富有趣味性、实用性的知识点,更符合高等职业院校学生的学习特点,贴近实际工作实践。

本书可用作高等职业院校烹饪工艺与营养、中西面点及食品专业的学生教材,也可用于酒店管理与数字化运营、旅游管理等相关专业公共选修课教材,可作为食品行业与酒店员工培训、大学生创业培训的教学用书。

参加本书编写工作的是全国多所高等职业院校、技师学院面点专业的优秀教师。他们都是从事面点理论实践教学的骨干教师,具有丰富的实践教学经验和较高的专业理论水平及教科研能力。

本书分为七个模块,由山东省城市服务技师学院王吉林和山西旅游职业学院邸元平、顺德职业技术学院仲玉梅担任主编。参加编写的人员分工如下:模块一由王吉林编写;模块二由山西省经贸学校李琛编写;模块三由青岛技师学院张晶编写;模块四由邸元平编写;模块五由淄博市技师学院国洪涛编写;模块六由烟台文化旅游职业学院张波编写;模块七由仲玉梅编写;全书影像资料由张波和山东省城市服务技师学院刘宗艳、罗媛提供;全书由王吉林统稿。

在本书的编写过程中，得到了行业专家、各级领导的指导和大力支持，并且参考引用了大量国内已出版的相关资料和网络信息资料，在此表达对这些编者的诚挚谢意。

由于编写时间紧，编者水平有限，书中难免存在不足之处，请各位专家、同行及广大读者批评指正。

编者

模块一

中式面点基础理论

　　面点是面食和点心的复合词,是以各种粮食作物为主要原料,配以多种辅助原料经过调制加工,使其成为质、色、味、形俱佳的食品。中式面点是具有中国饮食文化传承和中华民族饮食文化特点的区域面点。

　　中国是一个有着悠久历史和古老文化的国家,中式面点制作与中式烹调一样,是中国饮食文化的重要组成部分。早在奴隶社会初期,米面食品就成为饮食结构中的主要食物,"五谷为养"就是中国饮食结构的主导思想。

　　面点技术在传统的制作上,今天又有了新的发展,创造了无数风味独特、营养丰富的面点品种,它不仅可以作为人们的饱腹食品,而且有的面点犹如艺术品一样可以馈赠亲友,使人们在满足食欲的同时还能获得美的享受。由此可见,面点制作不仅是一门专业性强的技术,同时也是一项工艺性高的艺术。随着科学技术的发展和饮食结构的变化,现在已开始把烹饪(包括面点)作为改善生存环境,提高民族素质的一门学科来研究。

单元一　中式面点的概述与分类

一、中式面点概述

　　中国的面点有着悠久的历史,以米面制品作为主要食物,由来已久。在人们还不懂得种植粮食作物之前,是依靠渔、猎和采集野生植物的果实、种子、块根、嫩茎叶为生。神农氏尝草别谷,教民耕艺,民始食谷,人们才学会了种植粮食作物。在已发掘的西安半坡新石器时代遗址中,发现有一陶罐中盛有已碳化过的谷子。到了青铜时代的殷商,种植谷物已多,在甲骨文中"卜黍"之占记载甚多,说明当时用于饮食的农作物已成为主要食物。中国的农作物以"五谷"为主,即稻、黍、稷、麦、菽。食用这些植物的种子即粮食,已取代了过去以渔、猎为主要食物来源的生活方式。

　　将粮食颗粒磨成粉是从小麦开始的。小麦在中国北方种植较多,战国时种植已很普遍,将小麦磨成面粉,大约是从秦汉时代开始的。有了面粉,随之也就产生了面点制品。当时,一切面点制品统称为"饼"。《释名》:"饼,并也,溲面使合并也。"上笼蒸制的称"蒸饼";用水煮熟的称"汤饼";撒有胡麻者叫"胡饼"。发酵面团是在汉代出现的,南北朝《齐民要术》一书载有"馅渝法",在注解中说:"起面也,发酵使面团轻轻浮起,饮之为饼。"有了面粉又有了发酵面团,面食品种增多。相传馒头起源于三国,蜀相诸葛亮南征渡泸水,土俗杀蛮人首祭神,亮令以面团包羊、豕肉,外呈人首状,以作祭品,称作"馒首",又叫"蛮首"。

　　南北朝时期,面点制作工艺发展很快,《齐民要术》中记载有发酵、烙、烤、油炸、小吃、面条、油酥等多种面点品种。其中有一种"髓饼"就是用 750 克羊肉,加上葱姜等,煨好作为馅,用 500 克面粉调成面团包上馅,上炉烤熟。

　　到了隋唐时期,面点制作工艺比较发达,品种增多,记载中有了"馄饨""水饺""元宵"等品种。如"五色饼"就是用五种颜色的馅心制作出来的,这在当时是比较高档的。据说"馄饨"是从少数民族传来的,在唐朝就有二十四吃之说,即用二十四种馅心包制而成。广东称馄饨为"云吞",四川称之为"抄手"。

　　节日食品"元宵"(图1-1-1)是唐朝出现的。"元宵节"起源于汉朝,农历正月十五是元宵节,又叫灯节。据传,汉惠帝刘盈死后,吕后一度篡权,吕后死后,一心保汉的周波、陈平等人,协力扫除诸吕,一致拥刘恒为主,汉文帝刘恒博采群臣建议,广施仁政,救灾济贫,精心治国,使帝国日益强盛。因为清除吕后的日子是正月十五,在古代"夜"字同"宵",正月又称元月,为了纪念这个日子,刘恒就将正月十五定为"元宵节"。正月十五已是春节的尾声,又是大地回春的第一个月圆之夜。所以,自古以来,这个节日就十分欢乐。汉朝初期,每到正月十五的晚上,人们就到寺院"祭神"。到了唐朝,唐肃宗于公元671年始定每年的正月十五为灯节。从此,人们在元宵节观灯赏灯,便成为节日主要习俗,一直延续至今。相传元宵节吃元宵这个习俗起源于唐朝,当时有些种植棉花的农民扎些稻草把儿,用糯米粉或面粉做成棉花似的粉果,插到草把上,捆成捆,每逢正月十四和第二天元宵节放到田里去,烧香祭祀祈福,祈求棉花丰收,随后就把粉果分给孩子们吃。到了宋朝,每到元宵节这天,人们便用糯米粉做成球形带馅的汤圆吃,其意是全家人团圆,和睦幸福。因为人们是在元宵节这天吃汤圆,所以汤圆也被叫作"元宵"了。

图1-1-1　元宵

　　油条(图1-1-2)这种全国各地皆有的早点食品,相传是在南宋时,人们对卖国贼秦桧恨之入骨,临安一位丁姓小食贩把面团做成人形,两手两足,入油锅炸之,取名"油炸桧"。

图1-1-2　油条

　　明清时期,面点发展到了高峰时期。如"福山拉面"当时奉送皇上,因拉的条细,炸熟后色泽金黄,皇上吃着不错,就赐名"龙须面"(图1-1-3)。程敏政的《傅家面食行》诗赞曰:"傅家面食天下工,制法来自东山东,美如甘酥色莹雪,一由入口心神融。"从这些历史资料中可见抻面是有悠久历史的,它因巧夺天工的技巧闻名于世,并流传于朝鲜、日本等地。清代文人袁枚的《随园食单》中称赞山东薄饼:"山东孔藩台家制薄饼,薄若蝉翼,大若茶盘,柔嫩绝伦。"并有人称:"吃孔方伯薄饼,而天下之薄饼可废。"当时面点不但制作精细,而且品种繁多。《聊斋》的作者蒲松龄曾记有:"霍罗(即饸饹)压如麻线细,扁食捏似月牙弯。上盘薄脆连甘露,透油飞果有掏环(即套环)。油徽霜熟兼五色,糖食酥饼亦多般。"以上种种,都成为中国饮食与历史文明相结合的例证。此外,众多的节日食品也大大地丰富了面点制品的品种。如正月初一吃水饺,正月十五吃元宵,二月二炒棋子豆,五月端午吃粽子,夏至吃凉面,八月中秋吃月饼,九月九吃重阳糕,冬至吃馄饨,腊月初八喝腊八粥以及腊月二十三吃炊糖,除夕夜合家吃团圆饭等,这些食品习俗有的沿袭至今。

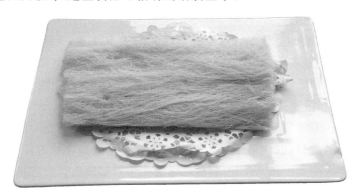

图 1-1-3　龙须面

中式面点在漫长的历史岁月中,经过历代厨师的传承和创新,加之各地厨师根据民间的风俗习惯和物产,采用新老技艺结合,继承研究传统品种,研发新品种相结合的方法,增加了既好吃又好看的面点制品,并向着药膳保健、营养卫生、方便食品发展,可永葆中国烹饪技艺在世界上享有的盛誉。

中式面点制作是一门学科,也是一项实用技术和艺术,我们应努力学习,并在不断实践中传承、发扬、创新,使这项古老的技术更好地为人民生活服务。

民以食为天。面点行业同人们的衣、食、住、行密切相关,能直接反映人民消费水平的高低,也是安排好人民生活的重要方面,同时它对国民经济收入的再分配,吸收社会购买力,回笼货币,安排青年劳动者就业,稳定和繁荣市场等都有着积极的作用。随着人民生活水平的不断提高,各项家务劳动社会化,这个行业必将飞速发展。

从国内外目前面点生产的状况和市场的需求变化情况看,从面点行业本身吸引消费,繁荣市场入手,面点的生产发展趋势将有以下几个方面。

❶ 发展药膳保健面点　随着人们生活水平的不断提高,日常膳食正在从粗茶淡饭的"温饱型"逐步向讲究营养调配的"保健型"转化,随着我国社会人口的老龄化,老年人要延年益寿,更要健康生活,这也是社会物质文明发展的必然趋势和要求。面点不仅仅在于维持生命,也不单纯为填饱肚子,一饱口福,它还具有预防和辅助治疗某些疾病的作用。各种食物都有各自的营养成分和药理性质,饮食得当有助于身体健康和疾病的康复。

药膳保健医疗面点,就是在面点中加入有药用价值的食材制作而成的保健医疗食品。它具有明显的保健和疗效,当今被称为"药膳保健医疗面点"。药膳可以说是中国医药学中的重要组成部分。我国自古以来就很重视药膳保健,人们在日常生活与劳动实践中,总结和积累了丰富的食疗经验,传说中有"神农氏尝百草",在远古时期药食不分,有很多食品都具有治疗疾病的作用,也有很多药材可当食物充饥,故曰:"药食同源"。

"食疗""食补"是历代人民勤劳智慧的结晶。随着人们生活水平的提高和中医中药事业的发展,用于食补的药膳也兴旺发达起来,并在国际上引起了极大关注。这种新型保健食品是指食物与药物组合后,经浓缩、酶反应等物理化学和生物化学、生物工艺学、生物工程学等先进技术精制而成的现代食品。面点工作人员,就是要借鉴先进科学技术,大力发展新型的保健面点,如预防疾病面点、疾病恢复面点、调节生理机能面点、延缓衰老面点等,使中国珍贵的文化遗产——药膳面点有一个新的发展。

❷ **发展适应不同层次人群需要的面点** 在我国历史上,面点品种除用于人们日常生活外,还用于祭祀和喜寿礼品,其成品用料大同小异,但加工技术相差较大。从品种规格、营养成分方面来看,并无因不同人群需要而专门研究的配方。近几年来,人们生活水平已达到温饱型,面点的营养和食用的单样化已远远不适应人们的需要。因此在发扬传统工艺的基础上,要不断创新,使其配方、成型、制作加工等方面有一个新的突破,研制适应不同层次人群需要的面点制品。如幼儿面点"钙奶饼干"的制作就深受家长和儿童的喜爱。它既解决了幼儿的饥饿问题,又填补了某些营养素的缺失。目前,国外婴幼儿面点品种繁多,功能特点突出,针对性很强。如婴儿主食品、断奶食品与疗效食品等。食品结构上又分成配制乳制品、过渡乳谷制品、特殊罐制食品、营养性干制品、婴儿饼干等。食品状态有粉状、糊状、片状、液态薄膜状、颗粒状等。近年来,我国在面点制作上,也使用了一些食品强化剂,如维生素、氨基酸和矿物质钙、磷、铁等,这些强化剂的使用,一方面可以弥补在加工过程中某些营养素的损失,另一方面可以补充一些原来没有的营养素,提高食品的营养价值,以保障人体健康,尤其是在儿童、老年人面点中加入强化剂,对于保证儿童的健康成长和老年人的延年益寿具有十分重要的意义。

❸ **发展旅游方便快餐面点** 随着社会生活节奏的加快和旅游业的发展,餐饮业也应适应形势的需要。传统的面点制作和销售模式已经跟不上时代的步伐,原有模式不仅运输不便,容易使面点制品污染,有害于人体健康,而且给服务人员和消费者造成许多麻烦,携带不便。为了提高服务质量,保证面点制品卫生,方便购买,餐饮业必须大力发展方便快餐面点制品。

方便即食食品不仅食用方便,节约现场烹制时间,而且可以控制其营养素的构成,使膳食结构更科学。可以减轻家务劳动,使更多美味佳肴很方便地走进千家万户。符合现代食品要求优质、简便、快速、营养、美味的要求。

发展方便快餐面点,前途广泛。随着人民生活水平的提高,生活节奏的加快,应着重发展满足各类消费群体的面点品种。目前已开发出的快餐面点有花卷、烧饼、挂面、方便面、面包、春卷、包子、馄饨、炸酱面、打卤面、炒面、各种馅饼等。

❹ **发展速冻面点** 中国改革开放四十年以来,中国人"时间"观念有所改变,为了满足生活节奏的加快,人们要从烦琐的家务劳动中解放出来,求新、求快、求使已成为城市生活的消费需要。操作便捷、品类繁多的速冻面点,进入了普通家庭厨房,为人民的生活提供了便利。速冻面点也可满足宴席上的需要,批量生产的各式面点,为整桌宴席的操作提供了便捷,大大降低了厨师的制备时间,目前市场上一批高档的品种也应运而生,如家常饼,国宴油条,小巧晶莹、造型栩栩如生的"胡桃""枇杷",精美双色的鸳鸯蒸饺等。速冻面点目前开发的品种琳琅满目,有三鲜水饺、鲜肉水饺、八宝饭、荤素馄饨,有花样繁多的各类包子、芝麻团子、藕粉圆子等。速冻面点既方便又实惠,是上班一族的临时性美食。速冻面点节假日还可到商店购买,既有新颖的包装,又是馈赠亲友的礼品。所以速冻面点是对传统的"自给自炊"的传统饮食习惯的冲击,必将推动家庭劳务走向社会化,有很大的发展前景。

❺ **发展海洋生物面点** 海洋约占地球表面积的70%,含有丰富的物质资源。科学家认为,生命发源于海洋,在人体内所含的各种元素,在陆地上能找到的,几乎都可以从海洋生物中寻找到。人们在日常生活中必须保持适量地摄入各种微量元素。地球人口日益增长,要保证人口质量的提升,必须到自然界中去寻找人们机体营养所需要的平衡。在发掘陆生食物的同时,必须发展海洋生物食

品。目前,人类发现的海洋生物食品已有几百种,如海藻雪糕、海藻沙拉、海藻晶、海梦晶等。这些食品含有钾、钙、铁、钠、锌、碳、磷、锰等多种人体必需的微量元素,具有抗病、解毒、消炎的作用。发展海洋生物食品是面点发展史上的一条新路。

目前餐饮业面点的改革,制作出了更多方便食品,如盒饭、袋饭、方便面等各种包装的食品,有的还采用软包装材料真空包装,直接开袋食用,原汁原味,既方便了顾客,又满足了国内外旅游者的需要,很受人们欢迎。今后要更好地研究面点的存储保鲜、营养配餐、无菌包装等课题,以实现面点制品的批量生产,改变人们的传统饮食习惯。

二、面点的地位和作用

面点在人们生活和餐饮业中有重要地位和作用。

❶ **面点是餐饮业的主要组成部分**　在餐饮业中,菜品烹调(行业中称为"红案")和面点制作(行业中称为"白案")是餐饮业的两大支柱,这两者是相互区别、相互配合的。但面点又具有相对的独立性,它可以离开烹调而单独经营,如专门经营面点的面食馆、包子和饺子店,经营小食品的早点、夜宵、点心铺等。

❷ **面点具有食用方便、便于携带的特点**　每天几乎有半数以上上班族在上班前或下班后吃早点或夜宵。面点为人民的生活带来了极大的方便。

❸ **面点是节日馈赠亲朋好友的礼品**　面点品种丰富多样,形态甚多,有的仿制成飞禽走兽、鱼虾、昆虫、瓜果、花卉等,形象逼真,被誉为食品中的精美艺术品。还有的为了反映人民的美好向往,寄托着人们的理想,如为庆祝全家团聚有"合家欢乐";为庆祝丰收有"喜庆丰收";逢办喜事有"龙凤呈祥";为庆贺生日有"寿比南山""福如东海"等字样,使人心情愉悦,获得一种美的享受和喜庆的气氛。

❹ **面点具有较高的营养价值**　"五谷为养",这四个字既反映了我国人民的饮食传统,又说明了谷物具有人类所必需的营养成分。就我国人民的饮食习惯和经济状况来看,在很长一个时期内,人们还是要从面点中吸取营养。

❺ **丰富市场,活跃节日气氛,美化生活**　自古以来,各种节日都有应时的面点品种。如春节的饺子、元宵节的元宵、端午节的粽子、中秋节的月饼等都有特定的风俗习惯。以每年的春节和中秋节为例,春节的各种中高档面点,中秋节的各种月饼,从全国来看,这两个节日的面点的产销期接近九十天,约占全年时间的四分之一,而销售量占全年销售总量的一半。有的面点造型美观,富有艺术性,多用于喜庆宴会,美化生活。因此,节日面点不仅丰富了人民生活,又寄托了人们的情思。

三、中式面点的分类

中国幅员辽阔,民族众多,地大物博。各地的地理、气候和物产等条件各不相同,人民生活习惯也有差异。因此在面点制作方法上、口味上、品种上形成了各种不同的传统特色。中式面点制品以长江为界,大致可分为南点和北点两大风味,具体的三大流域又有自己的流派,各地也有自己的风味特色。

中式面点品种繁多,花色复杂,分类方法较多,常见的分类方法有以下几种。

❶ **按原料分**　可分为麦类制品、米类制品、杂粮制品和其他制品。

❷ **按熟制方法分**　可分为蒸、煮、炸、煎、烤、烙以及综合熟制方法。

❸ **按形态分**　可分包、饺、盒、糕、条、团、饼及羹冻等。

❹ **按馅心分**　可分为荤馅、素馅和素荤混合馅等。

❺ **按口味分**　可分为甜、咸和甜咸混合等。

⑥ 按面团分 可分为水调面团、膨松面团、油酥面团和米粉面团等。

单元二 中式面点的风味流派和特色

中国的面点制作在原料选择、口味、制作技艺等方面形成了不同风格和流派。人们常把面点分为南点和北点两大风味,主要风味流派有京式、苏式和广式三种。

一、京式面点的形成和特色

京式面点,泛指黄河以北的大部分地区(包括山东、华北、东北等)制作的面点。北京曾为辽、金、元、明、清的都城,也是现代中国的首都,具有悠久的历史和古老的文化,使之能博采各地面点之精华,兼收各族面点之风味,形成独特的北方风格。北方面点因以北京为代表,故称京式面点。

(一)京式面点的形成

❶ 京式面点的形成与北京悠久的历史和古老的文化分不开 早在战国时代,北京就是燕国的都城,又曾是辽国的陪都和金国的中都,此后又成为元、明、清三个封建王朝的京都。在我国古代,都城是"五方杂处",更主要的是居住着皇室成员和各级官员。民族的融合和官场的需要刺激了餐饮业的提高和发展,面点也不例外。如各种宫廷宴和官场宴每年都有相当一部分在北京举行,作为筵席一部分的面点制品,便在北京皇宫或官府的点心房中生产出来。如清朝的满汉全席中,就有四道点心和四样面饭。四道点心:头道是一品鸳鸯、一品烧饼,随杏仁茶;二道是炉干菜饼、蒸豆芽饼,随鸡馅饺;三道是炉牛郎卷、蒸菊花饼,随圆肉茶;四道是炉烙馅饼、蒸风雪糕,随鱼丝面。四样面饭:盘丝饼、蝴蝶卷、满汉饽饽和螺丝馒头。

传统节日和风俗也促进了面点的发展,使许多面点品种应运而生,形成了独特的北方特色。例如正月十五吃元宵,形成了北方的摇元宵派,与南方的吊浆汤圆派的区别是北方的元宵做法是把较硬的馅料蘸水放于糯米粉中不断滚动,使馅表面裹粉后而成;再如七月七,传说是牛郎织女鹊桥相会的日子,为配合七月七,就有巧果出现,是用面粉和糖炸成的。现在"巧果"这种名称的食品虽然已经没有了,但与巧果类似的点心却更丰富了。节日习俗中创制的面点对京式面点的发展有不可低估的影响。

❷ 京式面点的形成与继承和发展本地民间小吃分不开 没有继承就没有发展,京式面点就是在继承民间食品的基础上发展起来的。

由于东北、华北盛产小麦,因而,北京小吃中以面类食品居于首位,不仅精于制作,而且花样繁多。据统计,各类不同制法的北京小吃约有200种。如果加上馅料上的变化,品种就更多了。

艾窝窝是北京传统风味小吃,历史悠久,元朝时称它为"不落夹",明朝万历年间刘若愚《酌中志》说:"以糯米加芝麻为凉糕,丸而馅之为窝窝,即古之'不落夹'是也。"可见,现今许多风味面食是在传统小吃的基础上发展起来的。

❸ 京式面点是兼收各地风格、各民族面点风味及宫廷面点而形成的 北京地理环境特殊,正南面向平坦广阔的华北大平原;西北过南口可上蒙古高原;东北过古北口可达松辽大平原;沿燕山南麓往东过山海关可抵辽河下游平原;东临渤海湾。这一独特的地理位置,使得北京从很早的时候起,便成为汉、匈奴、契丹、女真和回族等民族杂居相处的地方,各民族面点的制作方法在此进行交融。京式面点兼收了各民族的面点制作方法,如北京风味小吃"栗子糕",原是元明之际的高丽和女真族食品。这一独特环境也使其吸收了各地面点风味。如抻面,史家研究,其源于山东半岛的福山,故又叫"福山拉面",它是胶东人民喜食的一种面食。据传明朝由山东传入北京,受到皇帝的赏识,定名"龙

须面"，从此成为京式面点的名品。

辽、金、元统治者建都北京的时候，都曾将北宋汴梁、南宋临安和其他地区的能工巧匠引至北京。明朝永乐皇帝迁都北京的时候，又将河北、山西和江南匠人迁至北京。这些迁居北京的能工巧匠中的糕点师，便将汴梁、临安和其他地区的糕点传至北京，这些糕点后来成为京式面点的重要组成部分。

宫廷面点传入民间也丰富了京式面点的品种。如北京小吃中的肉饼、八宝莲子粥等，就是从元朝宫廷小吃肉饼儿、莲子粥逐渐演变来的。

由上所述可知，京式面点最早起源于华北、东北、山东地区的农村和满族、回族等少数民族地区，在其形成的历史过程中，吸收了各民族、各地区的面点精华，又受到南点和宫廷面点的影响。其吸收和融汇了历史上聚居在北京地区的各族人民的智慧，形成了具有浓厚的北方各民族风味特色的京式面点风味流派。

（二）京式面点的特色

❶ **用料广、以麦面为主**　京式面点用料广，主料有麦、米、豆、粟、黍、蛋、果、蔬、薯等类。豆类经常使用的有黄豆、绿豆、赤豆、芸豆、豌豆等。加上配料、调料，其用料有上百种之多。由于北方盛产小麦，因而用料以麦面居于首位。

❷ **品种多**　京式面点品种众多，主要有扒糕、炸糕、凉糕、蜂糕、面条、麻花、元宵、包子、馅饼、馄饨、烧饼、豌豆糕、豌豆黄、艾窝窝、炸三角、肉火烧、焦圈等。仅烧饼一类就有一品烧饼、麻酱烧饼、油酥烧饼、吊炉烧饼、马蹄烧饼、澄沙烧饼、缸炉烧饼、五连烧饼等。

❸ **制作精细**　京式面点之所以风味突出，是由于面食制品制作精湛，同时又有其独到之处。如暄腾软和、色白味香的银丝卷制作，需经过和面、发酵、揉面、溜条、抻面、包卷、蒸熟7道工序，同时面点师必须具有熟练的抻面技术，面团需经过连续9次抻条抻出512根名为一窝丝的细面丝，且粗细均匀，不断不乱，互不粘连，然后在此基础上制作银丝卷。又如千层糕，一小块约7厘米厚的千层糕，竟会有81层之多。以上不但说明面点师具有高超技艺，同时也说明京式面点制作精细，确有独到之处。

❹ **馅心具有北方独特的风味**　京式面点馅心注重咸鲜口味，肉馅多用水打馅，并常用葱、姜、黄酱、芝麻油为调辅料，形成北方地区的独特风味。如天津的"狗不理"包子，就是加放骨头汤，放入葱花、香油搅拌均匀成馅，使其口味醇香、鲜嫩适口，肥而不腻。

京式面点的典型品种抻面、北京都一处的烧卖、天津的狗不理包子、清宫仿膳的肉末烧饼、艾窝窝等，都各具特色，驰名中外。

二、苏式面点的形成和特色

苏式面点是指长江中下游江浙一带地区制作的面点。它起源于扬州、苏州，发展于江苏、上海等地，因以江苏为代表，故称苏式面点。苏式面点经过漫长的岁月，形成了品种繁多、应时迭出、制作精细、造型逼真、馅心掺冻、汁多肥嫩、味道鲜美的风格特色。

（一）苏式面点的形成

❶ **苏式面点具有悠久的历史**　苏式面点起源于扬州、苏州，而扬州、苏州又都具有悠久的历史。苏州在秦朝是会稽郡的首邑，称吴县。至隋文帝开皇九年（公元589年），废吴郡，改称为苏州。苏州是古今繁华地，为江南一大繁华都会，市井繁荣，商贾云集，文人荟萃，游人如织；扬州是我国历史上的文化名城，西汉时扬州曾是汉五朝的陪都，社会繁荣，经济富庶，是商贾大臣、文人墨客、官僚政客汇聚的地方，所以古人诗云："腰缠十万贯，骑鹤上扬州。"悠久的文化，发达的经济，为苏式面点的发展提供了有利的条件。

据史料记载，在唐朝，苏州面点已声明远扬，白居易、皮日休等诗人的诗中就屡屡提到苏州的粽子等。在宋朝苏州每一节日都有"节食"。在明朝苏州人韩奕《易牙遗意》中就收录了20多种江南名点。《随园食单》《清嘉录》中的面点记载,不但品种繁多,而且制作技艺精湛。

扬州,以"十里长街市井连"而闻名全国。清朝乾隆、嘉庆年间,扬州就有数十家著名的点心店肆,创制出大批名点,品种数不胜数。如油炸茄饼、菊花饼、琥珀糕、葡萄糕、竹叶糕、东坡酥、雪花酥、羊肉火烧、鸡粉面、八珍面等,都是各具特色、别有风味的传世佳品。因而远在数百年前就名扬城外。可见,在我国面点史上,苏式面点占有相当重要的地位。

❷ **优越的地理位置和丰富的物产资源** 江苏自古以来就是饮食文化发达的地区,加之江苏温润的气候条件和优越的地理位置,使得苏式面点起源较早。

扬州古时"北距淮、南距海"。在西汉时扬州辖地有江、浙、皖、赣、闽诸省及鄂、豫等部分地区。那时,金陵、广陵皆称扬州,包括了长江中下游地区。扬州地区是鱼米之乡,盛产六畜六禽、海鲜河腥、百果蜜饯、菱藕蔬瓜、竹叶荷叶、菊花桂花。当地丰饶的物产,为苏式面点的形成提供了丰富的物质条件。

❸ **继承和发扬了本地传统特色** 苏式面点中的淮扬面点,具有制作精美的特点,经过面点师的继承和发扬,苏式面点名扬天下。

据《随园食单》中记载,古代仪征肃美人制作的面点——饺子,小巧玲珑,当时是"价比黄金"。又如定慧庵僧人烹饪的素面,支司名厨制的糕,也是闻名遐迩。近年来,面点师在继承传统的特色基础上,不断发展、不断创新,如富春茶社制作的翡翠烧卖,皮如片玉,馅碧如翠,半透明的薄皮下面,葱绿色的馅心历历在目,犹如一件精巧的艺术品。

(二)苏式面点的特色

❶ **品种繁多** 苏式面点就风味而言,包括有苏扬风味、淮扬风味、宁沪风味、浙江风味等。现以扬州面点为例,其品种繁多,拥有500多个点心品种,其中发酵面团100种左右,水调面团100种左右,米粉面团100种左右,油酥面团80种左右,蛋粉面团60种左右,杂色面点80种左右。

由于物产丰富,原料充足,加上面点师的高超技巧,同一种面团可制作出不同造型、不同色彩、不同口味的面点来,面点品种更加丰富。如扬州面点中包子类造型中有形似玉珠的玉珠包子;形象逼真的石榴包子、佛手包子、寿桃包子等,色彩丰富的寿桃包子,桃身青黄色,桃尖淡红色,桃叶淡绿色,使寿桃栩栩如生;口味多样的三丁大包,口味是咸中带甜,甜中有脆,油而不腻;蟹黄包子则是味浓多卤,鲜美异常。

❷ **制作精细、讲究造型** 船点是苏式面点中出类拔萃的点心,相传发源于苏州、无锡水乡的游船画舫上,经过揉粉、着色、成型及熟制而捏制成各种花卉、动物、水果、蔬菜等形状,制作精巧、形象逼真。

苏式面点中的扬州面点,其外形玲珑剔透,栩栩如生,正如美食家袁枚在《随园食单》中所说:"奇形诡状,五色纷披,食之皆甘,令人应接不暇。"扬州面点制品多姿多态,其中花卉形有菊花、荷叶、秋叶、梅花、兰花、月季花等;动物形有刺猬、玉兔、白猪、螃蟹、蝴蝶、孔雀等;水果形有石榴、桃子、柿子、海棠、葡萄等;蔬菜形有青椒、茄子、萝卜、大蒜等。再如百鸟朝凤、熊猫戏竹、枯木逢春、红桥相会等面点,更是形意俱佳,使人回味无穷。

❸ **应时迭出** 苏式面点应时迭出,是指面点随着季节的变化和民间的习俗而应时更换品种。据《吴中食谱》记载:"汤包与京酵为冬令食品,春日汤面饺,夏日为烧卖,秋日有蟹粉蒸馒头。"此外,还有岁首的酒酿饼,春日的定胜糕,初夏的方糕及松子黄干糕。浙江风味小吃在春天有韭菜肉丝春卷、清明艾饺;夏天有清香可口、解渴消暑的西湖藕粥、冰糖莲子汤、八宝绿豆汤、地栗糕;秋季则有蟹肉包子、桂花藕粉、重阳糕;冬季有热气腾腾的酥羊大面等驱寒送暖。

❹ **馅心掺冻、汁多肥嫩、味道鲜美** 苏式面点的肉馅多掺入鲜美皮冻,卤多味美,如江苏汤包,

每500克馅心掺冻300克之多。熟制后,汤多而肥厚,食时先咬破面皮吸汤,味道特别鲜美。苏式面点的典型品种是三丁包子、翡翠烧卖、船点等。

三、广式面点的形成和特色

广式面点是指珠江流域及南部沿海地区的面点。由于广东长期以来是珠江流域及南部沿海地区的政治、经济、文化中心,因此,面点制作技术比南方其他地区发展更快;再有广东自汉魏以来,就成为我国与海外各国的通商口岸,经济贸易繁荣,特别是近百年来又吸取了部分西点制作技术,客观上又促进了广东面点的发展;再加上广东人的继承、发展与精巧构思,使广东面点成为其代表,故称为广式面点。广式面点富有南国风味,自成一格。

（一）广式面点的形成

❶ **起源于广东地区的民间食品**　广式面点的制作,最早以民间食品为主。广东地处我国东南沿海,气候温和,雨量充沛,物产丰富,盛产大米,故当时的民间食品一般都是米制品,如伦教糕、萝卜糕、糯米年糕、炒米饼、油炸糖环等。

广东具有悠久的文化,据考古学家证实,在二三十万年前,我国祖先就在此地栖息、劳动,不断地改造自然,创造古老的中国文化。秦汉时,番禺(今广州)就成了南海郡治,经济繁荣,市场贸易增加,餐饮业相应地发展。民间食品顺应需要也就相应地发展。正是在这些本地民间小吃的基础上,经过历代的演变和发展,吸取精华,逐渐形成了广式面点。

娥姐粉果是广东著名的面点之一,它即是在民间传统小吃粉果的基础上,经过历代面点师的不断完善、不断创新而形成的。粉果小吃的历史至少有300年,在明朝已盛行。明末清初屈大均的《广东新语》记述民间饮食习俗的一节中就记载:"平常则作粉果,以白米浸至半月,入白粳饭其中,乃舂为粉,以猪油润之,鲜明而薄以为外,茶蘼露、竹脂(笋)、肉粒、鹅膏满其中以为内,一名曰粉角。"

又如九江煎堆,为春节馈赠亲友之佳品。它也是在民间小吃基础上发展起来的,至今已有几百年的历史。初唐诗人王梵志有"贪他油煎堆,爱若菠萝蜜"的诗句。可见,在唐代,煎堆已是人们喜爱的食品之一。《广东新语》记载:"广州之俗,岁终以烈火爆开糯谷,名曰炮谷,以为煎堆心馅;煎堆者,以糯粉为大小圆入油煎之。"煎堆经过演变,目前品种已多样化,其皮有软、有硬、有脆;其馅有苞谷、豆沙、椰丝等。

❷ **吸取北方和西式点心的优点**　自从秦始皇南定百越,建立"驰道",广东等地与中原的联系开始加强。汉朝南越王赵佗,五代时南汉主刘龚归汉后,北方各地饮食文化与岭南交往频繁。北方的饮食文化对广东面点产生了影响,如增加了面粉制品,出现了酥饼一类的食品。1758年(乾隆二十三年)《广州府志》就记载有沙壅、白饼、黄饼、鸡春酥等。

西晋末年至唐宋末年,中原几经战乱,大批汉人南迁至广东各县(本地人称他们为"客家"),其食品仍保留中原一带风貌。如"客家"人保留着北方的习俗,喜欢吃饺子,但是广东地区盛产稻米而不种植小麦,古时交通和商品流通又都不发达。因此,"客家"人便利用当地原料、创制出"米粉饺"等。这些饺子既具有北方饺子之基本风采,又别有风味。

唐朝,广东已成为著名的港口,外贸发达,商业繁盛,与海外各国经济文化交往密切。19世纪中期,英国发动了侵华的鸦片战争,使我国国门大开,欧美各国的传教士和商人纷至沓来,广东街头万商云集、市肆兴隆。广东较早地从国外引入了各式西点制作技术,广东面点师吸取西点的制作技术,丰富了广式面点。如擘酥面是吸取西点清酥面而成,采用面粉、白塔油和成油面,经过冰箱冷冻;而擘酥则采用面粉和凝结猪油,也经过冷冻,即用料中式化,制作上仍属西式。

❸ **面点师的创新和发展**　面点师根据本地的口味、嗜好、习惯,在民间食品的基础上,吸取中式面点和西式面点的优点,加以改良创新,促进了广式面点风味的形成和不断完善。例如广东传统美

食肠粉,色泽洁白、水润晶莹、软滑爽口,就是经过历代厨师不断改进而形成的。肠粉兴起于 20 世纪 20 年代末,开始是将蒸熟的粉皮卷成长条形,因像猪肠子而得名;到了 20 世纪 30 年代初,在肠粉中拌入芝麻为馅,吃起来爽滑麻香,随后又发展为以肉为馅制成鱼片肠粉、滑牛肠粉、滑肉肠粉等,味道鲜美。

（二）广式面点的特色

❶ **品种丰富多彩** 广式面点皮有 4 大类、23 种;馅有 3 大类、47 种之多,能制作各式点心 2000 多种。按大类可分为长期点心、星期点心、节日点心、旅行点心、早晨点心、招聘点心。代表品种有叉烧包、蟹虾饺、千层酥等。广东小吃更为历史悠久,光是小店经营的米、面制品小吃,就有二三百种,代表品种有肠粉、白粥等。广东地域广阔,有山区、平川、海岛、内陆,人们的生活习惯又各不相同,故取材于当地的小吃也各具特色,品种丰富。如潮州地区小吃以海产品、甜食著称。

❷ **季节性强** 点心的品种依据一年春、夏、秋、冬不同季节而变化。夏秋宜清淡,春季浓淡相宜,冬季宜浓郁。这使广式面点品种增多,形态、花色突出。如春季供应人们喜爱的礼云子粉果、银芽煎薄饼、玫瑰云霄果等;夏季应市的是生磨马蹄糕、陈皮鸭水饭、西瓜汁凉糕等;秋季是蟹黄灌汤饺、荔浦秋芽角等;冬季则主供滋补御寒食品,如腊肠糯米鸡、八宝甜糯饭等。

❸ **擅长米及米粉制品** 广式面点中米及米粉制品除糕、粽外,还有煎堆、米化、白饼、粉果、炒米粉等其他地区罕见品种。

❹ **使用油、糖、蛋较多** 如广式面点中的典型品种马蹄糕,糖使用量为主料马蹄的 70%。

❺ **馅心用料广,口味清淡** 广东物产丰富,五谷丰登,六畜兴旺,蔬果不断,四季常青。正如屈大均在《广东新语》中所说:"天下所有之食货,粤东几尽有之;粤东所有之食货,天下未必尽有也。"原料广泛给馅心提供了丰富的物质基础。广式面点馅心用料包括肉类、海鲜、杂粮、蔬菜、水果以及干果等。如叉烧馅心,为广式面点所独有,除烹制的叉烧馅心具有独特风味外,其制馅方法也别具一格,即用面捞芡拌和法。

广式面点口味清淡是由于广东的自然气候、地理环境、风土人情所形成的。因地处亚热带,气候较热,饮食习俗重清淡就成为必然。

单元三 中式面点的一般工艺流程

中式面点虽然种类繁多,花色复杂,但是经过历代的演变,至今已形成了一套科学且行之有效的工艺流程。这些工艺流程虽因各地的风味不同,而造成原料、成型、熟制的方法有所区别,但基本工艺流程是大同小异的。面点制作工艺流程如下。

制馅→上馅

↓

选料→调制面团→搓条→分坯→制皮→成型→成熟→制品

从以上流程可以看到,选料后,通过调制面团调制出均匀、柔软、光滑且适合各类制品需要的面团;通过搓条、分坯、制皮、上馅为面点成型做好准备。

一、调制面团

调制面团是面点制作的第一道工序。根据制品要求,有各种面团,如水调面团、油酥面团、发酵面团、化学膨松面团等,所以要按不同性质的面团进行调制,使调制成的面团均匀、光滑、软硬适宜。

由于各种面团的工艺性能要求不同,所以对调制面团的要求也各不一样。如冷水面团要求韧性强、有劲,所以在和面、揉面过程中,要用捣、揣、摔、反复揉搓等操作,以使面团吃水均匀,表面光滑、柔润,特别是调制大量面团时,手的力量不够,还需用杠子来压,才能更好地把面团的筋性揉出来;热水面团则不同,在和面、揉面过程中,需边和边加水、搅、揉搓,和好面团后一般不再揉搓,防止产生筋性,失掉柔软的特点;再如发酵面团,和面时要用力适中,不能用力过大,但要揉匀、揉透。加碱时要用揣的动作,使碱水能均匀分布在面团中。矾碱面团和面时,又必须反复捣、揣、接叠、饧面,以达到面团既要膨松,又要有劲的要求;又如油酥面团,和面时要用擦的操作,称为"擦酥",不能用揉的动作操作。

二、制馅

馅,又称为馅心。在花样繁多的面点品种中,包馅面点占有相当比例。制馅是面点制作中一道极为重要的工序。

制馅就是把用于制作馅心的原料加工成蓉、末、丁,再加入各种配料和调料,找好口味调拌均匀,这种操作过程称为制馅。

制馅是一项既精细又复杂的技术。要想制出符合面点要求的馅心,不仅要熟悉各种原料的性能和用途,还要熟悉一般的烹调、刀工,更需要掌握馅心的配料及成型、成熟的特点。馅心的制作是一项具有较高技术的工艺操作,它对面点的色、香、味、形都有着直接的关系。

三、成型前的面团加工

成型前的面团加工包括搓条、分坯、制皮、上馅等工艺流程。

❶ **搓条** 搓条是将面团搓成粗细均匀的圆形长条的工序,以便于分坯。

❷ **分坯** 分坯是把搓成长条的面团,采用各种方法,分成一个个大小一致的坯子。

❸ **制皮** 制皮是用按、擀的方法,制成各种类型坯皮的工序,以利于包馅、成型。制皮方法有拍皮、擀皮、摊皮、压皮、捏皮等。

❹ **上馅** 上馅是把馅料放在皮子上,包成馅心。基本方法有包上法、拢上法、夹上法、卷上法和滚馅法 5 种。

四、成型与成熟

这是面点制作的最后两个工艺流程,也是最关键的工序。

❶ **成型** 成型是将调制好的面团或坯皮,按照面点制品的要求,运用各种成型技法制成各种各样形状的生坯的工序。常用的技法有 10 多种,如抻、捏、包、叠、摊等。

❷ **成熟** 成熟是将已经成型的面点生坯,经过熟制而制成成品的工序。熟制有单加热法和复加热法,一般以单加热法为主,有煮、炸、煎、烤、烙等。熟制时应掌握好火候和加热时间,以保障成品色、香、味、形俱佳。

→ 模块小结

本模块内容主要介绍了中式面点制作的一些基本理论,分为三个部分:中式面点的概述与分类;中式面点的风味流派和特色;中式面点的一般工艺流程。同学们在掌握和丰富基础知识的同时,更要深入了解中式面点的现状和未来的发展方向,以便将中式面点工艺发扬光大。

思考与练习

1. 什么叫面点？中式面点技术发展到今天都经历了哪些历史时期？在各个时期中又有什么变化？

2. 面点在人们日常生活中的地位如何？

3. 你认为面点还应朝哪些方面发展？

4. 中式面点的分类有哪些？

中式面点制作的基本原料

单元一 中式面点原料概述

我国用以制作面点的原料非常广泛,几乎所有的主粮、杂粮以及大部分可食用的动、植物等原料都可以使用。要保证面点的质量,首要因素是必须保证原料的质量,一是因为面点之所以有那么多品种和不同的风味特色,除了加工方法不同外,在取用原料上的各不相同也是重要原因;二是因为各种原料的营养成分不同,要搭配制成符合一定营养要求的面点,取决于面点原料;三是因为面点制品能分别具有松软、有劲、软糯、酥松等质地特点也取决于原料;四是因为面点的保健功能(即生理活性物质的保健功能)更取决于原料。面点原料的质量稳定,是保证面点质量稳定的重要基础。

一、原料的种类

中式面点制作与菜肴烹调是我国餐饮业的两个主要的生产环节,凡是用来烹制菜肴的原料,都可以开发成制作中式面点的原料。我国幅员辽阔,海岸线长,高山平原纵横交错,江河湖泊星罗棋布。因此,各种山珍海味、飞禽走兽、禽蛋鳞爪、粮食谷物、瓜果时蔬应有尽有,这些都是用来制作面点的优质原料。

制作中式面点的原料一般分成三类,即坯皮原料、制馅原料、调辅料和添加剂。

面对品种繁多的烹饪原料,正确选择原料对制作面点影响很大。因为各种原料都具有其特性和用途,即使是同一种原料也会因季节不同、产地不同或加工方法不同而有优劣之分。因此,在面点制作中,必须认真选择最适当的原料,发挥原料的最大作用,使制出的成品既符合品质要求,又经济实惠、营养可口。这就要求每个面点师必须正确选择和合理使用面点制作原料。

二、原料的选择

❶ **熟悉坯皮原料的性质和用途** 制作面点的坯皮原料一般选自各种粮食谷物的粉料。而粮食谷物的品种较多,它们的性质和用途也不尽相同。例如同为粮食的米粉与面粉,虽然它们都含有蛋白质、淀粉,但面粉中的蛋白质主要是麦胶蛋白和麦麸蛋白,它能与水结合形成面筋网络,使面团筋道有劲,成品成熟后吃起来有嚼劲;而米粉中的蛋白质主要是谷蛋白和谷胶蛋白,它不能与水结合形成面筋网络,因而面团比较松散,极大地限制了面点品种的制作,但米粉制品的入口细腻,糯而不黏,较柔软。因此同为坯皮原料的各种粮食,由于它们各自的性质存在差异,制作方法也随之而异,若不熟悉所使用的原料性质,千篇一律地使用同一种方法去操作,不但会严重影响面点制品的质量,而且也容易造成浪费。

❷ **根据面点的要求选用馅料** 面点制作讲究色、香、味、形,因此对所选用的馅料必须严格,否则会影响面点制品的规格和质量。如制作鲜肉包时,根据卤鲜馅嫩的要求,应选择前夹心肉;制作蔬菜包时,要根据蔬菜包馅嫩味美的要求,选择新鲜、质嫩、脆、质地好的蔬菜;对于甜馅品种,要选择质地干净、肉厚、色泽光亮、无虫蛀、无霉变、干燥的果实等。总之,只有根据面点品种的要求,按部位、品质选择馅料,才能保证面点制品良好的品质。

❸ **熟悉调味料和辅助料的性质和使用方法**　面点制作中所使用的调味料和辅助料品种众多,性质各异,它们对点心风味的形成、花色品种的增加、产品质量的提高具有很大的作用,因此必须掌握它们的性质和使用方法。如有些调味料既可以用于面点制作中的调制馅心,使面点的口味具有酸、甜、苦、辣、咸等各种口味,又可直接用于调制面团或其他坯皮,使得面点制品的皮质得以提高;也有一些调味料不但可以增加面点的体积,使面点变得柔软、膨松、酥脆,还能使面点的色泽美观、香气扑鼻,味道鲜美。这就要求对各种调、辅料的了解要充分,以利于合理地选择使用。此外,在使用一些特殊辅料时,要严格按照食品卫生要求,如合理使用色素、香精、添加剂等,它们能使面点色、香、味、形俱佳,但如过量使用,就会危害人们的身体健康。

❹ **注意各种原料的质量特点和配制方法**　要使制作的面点品种味美适口,形成一定的特色,必须注意各种原料的质量特点,恰当地选用原料并合理配制,否则难以达到理想的效果。例如同为猪肉,由于它们来自不同的部位,可分为五花肉、上脑肉、夹心肉、里脊肉等,使用不同部位的肉,调制出的馅心口感、风味、质地有明显差别。又如同为米粉,有糯、粳、籼米粉之分,而这三种粉质的黏糯性不一,在面点制作中,用纯糯米粉,成品黏、糯,但不成型,影响质量;用纯籼米粉,成品不黏、较硬、口感不好,也影响成品的质量。只有在充分了解它们的性质特点后,进行合理的配制,才能制出既便于制作成型,又口感柔软的面点制品。

❺ **了解原料的加工和处理方法**　制作面点所使用的原料,无论是坯皮原料还是制馅原料,它们在制作前均要进行初步加工和处理这一过程。不同的面点,其原料的加工和处理方法也不同,如制作坯皮原料的米类和麦类,它们在制作面点制品时,除米饭、粥等品种外,一般须磨成粉后才能运用。由于磨制粉的过程加工方法不同,粉的粗细程度也不同。如有的品种需要用粗粉制作效果好,而有的品种则偏重于用细粉,因此必须根据面点的要求分别采用水磨、湿磨、干磨等方法磨制米粉,使之适应面点制作的要求。不同的原料处理方法能够使成品千差万别。如同为面粉,由于在调制过程中,分别用温水、冷水、热水调制面团,就使得面团劲力大小得到改变,从而形成各种性质、口感不一的面点品种。因此,充分了解原料的加工和处理方法,加以灵活运用,才能制作出丰富多彩的面点制品。

单元二　坯皮原料

一、小麦面粉

❶ **小麦的分类**　小麦的种类较多,性质不一。按季节可分为冬麦和春麦,冬麦含面筋较多,春麦含面筋较少。按质地可分为硬麦和软麦,硬麦也称玻璃质小麦,其特点是乳胚坚硬,把麦切开后,内部有半透明的感觉,这种小麦含蛋白质较多,能磨制高级面粉,制作精细点心。软麦也称黏质小麦,把麦粒切开后,出现粉状,性质松软,含淀粉量较多,其质地不如硬麦,适于制作发酵品种。按颜色分可分为白麦和红麦,其中以白麦的质量为佳。

❷ **面粉的等级与特点**　面粉按加工精度、色泽、含麸量的高低,可分为特制粉、标准粉和普通粉。按面筋质的多少,可分为高筋粉、中筋粉和低筋粉。面粉的具体等级与特点见表 2-2-1。

表 2-2-1　面粉的等级与特点

品种	颜色	麸量	水分	灰分	面筋质	加工精度	特　点	用　途
特制粉	白	少	≤14.5%	≤0.75%	≥26%	细	弹性大,延伸性、可塑性强	适宜做面包,一般用于做宴会点心

品种	颜色	麸量	水分	灰分	面筋质	加工精度	特点	用途
标准粉	稍黄	稍高	≤13%	≤1.25%	≥24%	较细	弹性不如特制粉，但营养素较全	适宜做烙饼、烧饼等大众化品种
普通粉	黄	高	≤13.5%	≤1.5%	≥22%	较粗	弹性小，可塑性差，营养素全	适宜做大众化食品

❸ **面粉的品质鉴定** 面粉的品质主要从含水量、颜色、新鲜度和面筋质的含量四个方面鉴定。

(1) 含水量：我国面粉标准规定，面粉的含水量在13.5%～14.5%。含水量正常的面粉，用手捏有爽滑的感觉。若捏而不散，则含水量超标，此面粉易发霉、结块，不易储存。

(2) 颜色：面粉的颜色与小麦的品种、加工精度、储存时间及条件有关。加工精度越高，颜色越白。若储存时间过长或储存条件比较潮湿，则面粉的颜色加深，颜色加深是面粉品质降低的表现。

(3) 新鲜度：面粉的新鲜度是鉴定其品质的最基本标准。新鲜的面粉有正常的气味，色浅。凡是有腐败味、霉味、颜色灰黑的是陈旧的面粉，发霉、结块的面粉是变质的面粉，不能食用。

(4) 面筋质：面粉中的面筋质是由麦胶蛋白和麦麸蛋白构成的，它是决定面粉品质的主要指标。一般面筋质含量越高，面粉的品质越好。面粉中湿面筋的含量在40%以上者一般称为高筋粉，适合制作面包等；在26%～40%称为中筋粉，适合制作馒头等；在26%以下者一般称为低筋粉，适合制作饼干和糕点。

二、米粉

❶ **分类** 按米质米粉可分为籼米粉、粳米粉、糯米粉三种，按加工方法又可分为干磨粉、湿磨粉和水磨粉（表2-2-2）。

表 2-2-2 米粉分类和特点

项 目	籼 米	粳 米	糯 米
外形	粒形细长，色泽灰白，透明或不透明	粒形短圆，色泽蜡白，透明或半透明	白色不透明
产地	四川、湖南、广东	华北、东北和江苏	江苏南部及浙江
品质特点	硬度小，易碎，含直链淀粉较多，胀性大，出饭率高，但黏性小，口感干而粗糙	质地硬而有韧性，不易碎。煮时焊性大于籼米，柔软可口、香甜，胀性小，出饭率低于籼米	硬度低，煮熟后透明，黏性强，胀性最小，出饭率低
烹饪应用	制作干饭、稀粥，磨成粉用于制作米糕、米粉等（可发酵）	制作干饭、稀粥，磨成粉用于制作米糕、米粉等（不可发酵）	一般不作主食，多用于制作糕点（不可发酵）

❷ **稻米的品质鉴别**

(1) 米的粒形：均匀、整齐、重量大，没有碎米和爆腰米（爆腰米是指不足正常米粒三分之二大小的米）的品质为好。

(2) 米的腹白：米粒呈乳白色而不透明的部分。腹白占米粒的面积大，说明质量差。

(3) 米的硬度：米抵抗机械压力的程度。硬度大，品质就好；硬度小、易碎，品质就差。

(4) 米的新鲜度：有正常的气味，无米糠和夹杂物，无虫害，无霉味和异味，卫生。

三、杂粮

❶ 玉米

（1）别名：苞米、苞谷、棒子。

（2）外形及种类：按颜色不同分为黄玉米、白玉米和杂色玉米。按粒质可分为硬粒型、马齿型、半马齿型、粉质型、糯质型、甜质型、爆裂型、有稃型八种。

（3）产地：集中在华北、东北和西南等地。

（4）品质特点：玉米的胚乳含有大量的淀粉和部分蛋白质。玉米胚十分发达，约占体积的三分之一。玉米胚中除含有大量的无机盐和蛋白质外，还富含脂肪，约占胚重的30%，可提炼成食用油。玉米易酸败，这与富含脂肪有关。

（5）烹饪应用：可磨成粉制作窝头、丝糕以及冷点中的白粉冻，与面粉掺和则可制作各式发酵糕点。

❷ 小米（由谷子即粟，碾制而成）

（1）外形：卵圆形、滑硬、色黄。

（2）产地及品种：山东、河北及西北、东北各地。

（3）著名品种：山西沁县黄小米、山东章丘龙山米、河北桃花米和新疆小米。

（4）按粒籽黏性可分为糯粟和硬粟；按谷壳的颜色可分为白色、黄色、赤褐色、黑色等品种。

（5）烹饪应用：可制作干饭、小米稀粥。磨成粉可制作饼、窝头、丝糕、发糕等。

（6）营养：小米中有较多的维生素，另外，其硫胺素和核黄素的含量也比较丰富，此外，还含有较多的胡萝卜素。

❸ 高粱

（1）产地及品种：主要产地是东北地区。按颜色不同可分为白、黄、黑、红等品种，白高粱米的质量最好。按其性质可分为粳、糯两种。

（2）烹饪应用：可制作干饭、稀粥；糯性高粱米磨成粉可制作糕、团、饼等，高粱米也是酿酒、酿醋、提取淀粉及制造饴糖的原料。

（3）营养：其脂肪及铁的含量高于大米，高粱米皮层中含有鞣酸，如加工过粗则饭色变红，味涩，妨碍人体对蛋白质的消化和吸收。

❹ 大麦

（1）外形：籽实扁平，中间宽，两端较尖。

（2）产地：在北方地区及云南、四川西北部、西藏和青海等地。

（3）烹饪应用及营养：可制作各式小吃如麦片粥、麦片糕等，其最大用途是制造啤酒和麦芽糖。其营养价值和小麦差不多，但粗纤维含量较高，这方面面粉不如小麦粉。

❺ 荞麦

（1）别名：乌麦、三角麦。

（2）产地：生长期短，南北各地均有栽培，以北方地区为多。

（3）烹饪应用及营养：磨成粉可作主食，也可以面粉掺和制作扒糕等食品中。所含蛋白质、硫胺素、核黄素、铁相当丰富。

❻ 燕麦

（1）别名：皮燕麦，成熟时内外稻紧包，籽粒不易分离。

（2）产地：西北、内蒙古、东北一带。

（3）烹饪应用及营养：须蒸熟后磨粉，可直接作粮食用，制作小吃、点心、面条等，也可加工成燕麦片。燕麦片在国外被称为营养食品，因为它含有大量的可溶性纤维素，对降低和控制血糖以及降低血中胆固醇的含量均有明显作用。

❼ 莜麦

（1）别名：油麦。

（2）外形：与燕麦相似，区别在于成熟的籽粒与外稻分离，籽粒质软皮薄。

（3）产地：西北、东北、内蒙古等地。

（4）烹饪应用：食用前应经过"三熟"，即加工时要炒熟、和面时要烫熟、制坯后要蒸熟，否则不易消化。莜麦磨成粉可加工成许多独具风味的莜麦食品，食法多样，可蒸、炒、烩、烙等。

（5）营养：莜麦是高蛋白粮食品种，含有较多的氨基酸，脂肪含量是小麦的两倍。食用能够抗饥、耐寒，但易致腹胀，常加入温热性调味品食用。

❽ 甘薯

（1）别名及产地：山芋、番薯、白薯、地瓜、红苕等。各地均有栽培，品种多样。

（2）烹饪应用及营养：食用方法多样，在菜肴操作中可作甜食，甘薯还可酿酒、制造淀粉等。

❾ 大豆

（1）品种：有黄豆、青豆、黑豆。

（2）产地：各地均有栽培，以东北大豆质量最优。

（3）烹饪应用：使用广泛，可鲜食，也可老熟之后食用，还可制成豆制品。用大豆制作的食品种类繁多，可用来制作主食、糕点、小吃等。大豆磨成粉与米粉掺和，可制作团子及糕饼，用玉米面做窝头或丝糕时，可掺入大豆粉以改善口味，增加营养。大豆还是制作豆制品的原料和重要的食用油原料。

（4）营养：每 100 克大豆中含蛋白质 36 克、脂肪 18 克、碳水化合物 25 克及丰富的钙、磷、铁和维生素 B_1、维生素 B_2 和胡萝卜素。

❿ 绿豆

（1）别名：吉豆。

（2）外形：色浓绿而有光泽，以粒大整齐者为佳品。

（3）产地及品种：栽培广，品种多，著名的品种有安徽明光绿豆、河北宣化绿豆、山东绿豆及四川绿豆。按种皮颜色可分为青绿、黄绿和墨绿三大类。

（4）烹饪应用及营养：可与其他豆类煮粥或熬制绿豆汤等，用绿豆粉可制优质淀粉，也可加工成绿豆粉皮、绿豆糕等。用水浸泡可发绿豆芽。绿豆味甘性寒，有清热解毒、利尿消肿、消暑止渴之功效。

⓫ 红豆

（1）别名：赤豆、小豆。

（2）外形及产地：种皮多为赤褐色，也有茶、绿、淡黄色。我国栽培较广，以天津红小豆和东北大红袍最为著名。

（3）烹饪应用：可与米、面等掺和做主食，也可直接做"小豆羹""赤豆汤"。煮熟后去皮制豆沙、豆泥，是制作糕点馅心的常用原料。

⓬ 豌豆

（1）别名：毕豆、麦豆、荷兰豆。

（2）外形：有黄褐、绿、玫瑰等颜色。

（3）烹饪应用：一般以嫩豆芽作蔬菜食用，也可磨成粉，是制作糕点、豆馅、粉丝、凉粉、面条等原料。豌豆可制作成罐头，嫩茎豌豆苗营养丰富，是优质蔬菜。

⓭ 蚕豆

（1）别名：胡豆、罗汉豆、佛豆。

（2）产地及品种：在我国栽培已久，以四川、云南、江苏、湖北等地最多。按种皮颜色不同可分为青皮、白皮、红皮蚕豆等。

（3）烹饪应用：豆荚果大而肥厚，种子椭圆扁平。将蚕豆的嫩豆荚摘下，取其豆料，是做菜的原料，可炒、烩、焖等，老豆料可煮粥、制糕或制豆酱，还可提取淀粉。

四、淀粉

❶ 淀粉的概念　淀粉主要是指以谷类、薯类、豆类及各种植物为原料，不经任何化学方法处理，也不改变淀粉内在的物理和化学特性而生产的原淀粉。

淀粉是植物体中储存的养分，存在于种子和块茎中，各类植物中的淀粉含量都较高，大米中含淀粉 62%～86%，小麦中含淀粉 57%～75%，玉米中含淀粉 65%～72%，马铃薯中则含淀粉 12%～14%。

淀粉是葡萄糖的高聚体，水解到二糖阶段为麦芽糖，完全水解后得到葡萄糖。淀粉有直链淀粉和支链淀粉两类。直链淀粉含几百个葡萄糖单元，支链淀粉含几千个葡萄糖单元。在天然淀粉中直链淀粉占 22%～26%，它是可溶性的，其余的则为支链淀粉。当用碘溶液进行检测时，直链淀粉液呈现蓝色，而支链淀粉与碘接触时则变为红棕色。

淀粉是食物的重要组成部分，咀嚼米饭等时感到有些甜味，这是因为唾液中的淀粉酶将淀粉水解成了单糖。食物进入胃肠后，还能被胰脏分泌出来的淀粉酶水解，形成的葡萄糖被小肠壁吸收，成为人体组织的营养物。支链淀粉部分水解可产生称为糊精的混合物。糊精主要用作食品添加剂、胶水、糨糊等。

❷ 淀粉的分类　淀粉主要可以分为四大类：谷类淀粉、薯类淀粉、豆类淀粉和其他类淀粉。

谷类淀粉是以大米、玉米、高粱、小麦等粮食原料加工而成的淀粉，主要品种有玉米淀粉、高粱淀粉和小麦淀粉（澄粉）。

薯类淀粉是以木薯、甘薯、马铃薯、山药等薯类为原料加工而成的淀粉，主要品种有木薯淀粉、甘薯淀粉、马铃薯淀粉和山药淀粉。

豆类淀粉是以绿豆、蚕豆、豌豆、豇豆等豆类原料加工而成的淀粉，可制作粉丝、粉条等，主要品种有绿豆淀粉、蚕豆淀粉、豌豆淀粉和豇豆淀粉。

其他类淀粉是以藕、菱角、荸荠（马蹄）、慈姑等原料加工而成的淀粉，主要有藕粉、菱粉、慈姑淀粉和百合淀粉等。

❸ 常用淀粉　根据原料的不同，淀粉也有很多种，如绿豆淀粉、马铃薯淀粉、小麦淀粉、木薯淀粉、红薯淀粉、玉米淀粉和马蹄粉等。

（1）绿豆淀粉。

绿豆淀粉是最佳的淀粉，但一般很少使用。它是由绿豆用水浸涨磨碎后，沉淀而成的。其直链淀粉与支链淀粉的比例是 6∶4，直链淀粉比例高于支链淀粉。因此它的特点是吸水性小，色洁白而有光泽，淀粉制品口感爽滑。绿豆淀粉多用来做凉粉和粉丝。绿豆粉丝以山东招远、黄县、栖霞、蓬莱等地出产的最为著名，统称为"龙口粉丝"（历史上龙口属招远市，地处海边，为一小港口，是粉丝的集散地），在国内外享有盛誉，在日本、泰国等地有"春雨""玻璃丝""马尾"之称。龙口粉丝丝条匀细，光亮透明，洁白柔韧，无酥碎，无并条，在水中浸泡 40 多小时不变色，不发涨。

（2）马铃薯淀粉。

马铃薯淀粉粉色洁白、细腻、吸水性强，马铃薯淀粉是目前家庭一般常用的淀粉，是将马铃薯磨碎后，揉洗、沉淀制成的。其淀粉中直链淀粉含量为 20%，支链淀粉含量为 80%，通常与澄面、米粉掺和使用，也可作为调节面粉筋力的填充原料。马铃薯蒸熟去皮捣成泥后，与澄面掺和制成面点，如生雪梨果、莲蓉铃蓉角等。马铃薯泥与白糖、油可炒制成馅。

（3）小麦淀粉。

小麦淀粉是麦麸洗出面筋后，沉淀而成或用面粉制成。特点是色白，但光泽较差。也叫作澄粉，就是去除面筋和其他物质的小麦粉，也叫作无筋面粉，它的特点就是透明度好，比如虾饺、肠粉等，多数都是用它制作的。

（4）木薯淀粉。

木薯淀粉的支链淀粉含量最高，而且它本身没有味道，糊化后较透明，放凉后能持续保持柔软，有嚼劲，不干硬，所以木薯淀粉适合做黏性较强、易熟、强调口感的食物，比如芋圆。市面上木薯淀粉又叫菱粉、泰国生粉。

（5）红薯淀粉。

又称番薯粉、山芋粉，制成的粉色泽灰暗、爽滑。其淀粉中直链淀粉含量为 18%，支链淀粉含量为 82%，所以番薯粉成熟后具有较强的黏性。使用时常与澄粉、米粉掺和才能制作各类面点；也可将含淀粉多的番薯蒸酥烂后捣成泥，与澄面掺和制成面点。

（6）玉米淀粉。

玉米淀粉又称玉蜀黍淀粉，是从玉米粒中提取出的淀粉，在烹饪中作为稠化剂使用的。由于玉米淀粉中直链淀粉和支链淀粉的含量比例与小麦淀粉大致相同，所以玉米粉可与面粉掺和使用，作为降低筋力的填充原料，如制作蛋糕、奶油曲奇等，也可以利用凝胶作用，制作面食点心的馅料，如奶黄馅。

（7）马蹄粉。

马蹄粉是用马蹄（也称荸荠）为原料制成的粉。马蹄粉具有细滑吸水性好，糊化后凝结性好的特点。通常用于制作马蹄糕系列品种如生磨马蹄糕、九层马蹄糕、橙汁马蹄卷等。

单元三　制馅原料

一、常用蔬菜、水产品的上市季节

面点制作所用的制馅原料品种繁多，为了保证产品的供应，即使点心四季花样不断，又能合理降低成本，就必须了解和熟悉原料的生长、成熟和上市季节。

面点工艺中除甜馅原料可常年供应外，多数咸馅品种的原料季节性很强。其中蔬菜和水产品原料表现最为突出，因而面点师不仅要熟悉本地区蔬菜、水产品上市的季节，还应了解全国蔬菜、水产品的上市季节。

二、常用原料的初加工

（一）原料初加工的基本原则

（1）保证原料的清洁卫生：厨房购进的大部分原料都带有泥、杂物、污物、虫卵等，这些物质不能食用，必须清洗干净。

（2）使原料符合切配、烹调要求：初加工是为切配和烹调服务的，因此在初加工中要根据不同的原料加以切配。

（3）保持原料的营养成分：在初加工时要注意尽量减少原料营养成分的流失，做到先洗后切。

（4）合理利用原料：初加工既要使原料干净可食用，符合烹调的要求，又要注意节约，合理利用原料。

（二）咸馅原料初加工

咸馅是最普通的一种馅心，咸馅的用料广泛，种类多样。常用的有菜馅、肉馅和菜肉混合馅三类。

菜馅是只用蔬菜,不用荤腥,加适当的调味品制成的,可分为生、熟两类。生菜馅多用新鲜蔬菜为原料,口味要求鲜嫩、爽口、味美;熟菜馅多用干制蔬菜和粉丝、豆制品等制成,口味要求鲜嫩柔软。

肉馅是以家畜肉、家禽肉、水产品为主,加入调味品调制而成的,分为生熟两种。生肉馅在制馅过程中要加水或掺冻,特点是肉嫩、鲜美、多卤;熟肉馅是由多种烹调方法制成的,特点是味鲜油重、卤汁少、爽口,适用于花色点心和油酥制品。

❶ 蔬菜的初加工

(1)加工要求:首先要按规格整理加工;其次要洗涤得当,确保卫生;最后是合理放置。

(2)加工方法:第一是摘除整理,去根蒂、去烂叶、去泥沙,如芹菜、茄子等;第二是削剔处理,去皮、去籽,如西葫芦、冬瓜、南瓜等;第三是合理洗涤,有些蔬菜需要经过焯水、过凉后才可切碎使用,如油菜、菠菜等。有些蔬菜需要擦丝后才可焯水,如象牙白萝卜、胡萝卜等。还有些蔬菜剁制后,必须挤去水分,如大白菜、各种瓜类等。

❷ 食用菌类初加工 食用菌类一般经过凉水泡发后,洗净泥沙杂质,有的必须剪去菌根后切碎使用,如冬菇的涨发。冬菇又称香菇,带有花纹的称"花菇",质量最佳,肉薄片大的称"厚菇",质量较次。

(1)涨发方法:先用冷水浸泡2小时,剪去菌根,洗净泥沙杂质,再用清凉水泡至全部回软、内无硬茬即可。一般每千克可涨发4~5千克湿料。

(2)注意事项:切忌开水泡发。开水易使冬菇外皮出现裂纹,使香味流失。另外泡冬菇的水营养丰富,其味鲜美,沉淀后可留用做菜。发好的冬菇不宜久放。

❸ 畜肉内脏的初加工

(1)加工要求:首先是洗涤干净,其次是用矾、盐、碱、醋等物,除去异味,最后是要迅速加工处理,以免变质。

(2)加工方法:家畜内脏污物较重,黏液较多,洗涤加工的方法各有不同。一般有翻洗法、搓洗法、烫洗法、刮洗法、冲洗法、漂洗法等。

❹ 禽肉、水产类的初加工 肉类一般选用有一定脂肪含量的部位,肌肉中的纤维要细而软,制馅时,按面点成品的要求不同,切小丁或剁成末。水产品中的大虾需去壳、挑去虾线,一般切成虾丁或用刀背砸成泥蓉。鱼类一般选用鱼刺较少的鱼,需去皮、去骨,切成鱼丁或用刀背砸成泥蓉。海参需洗去肠子,洗净泥沙,切小丁使用。

(三)其他馅料

❶ 豆制品 主要指以黄豆或其他豆类为原料制成的各种制品,有豆腐干、豆腐皮(百叶或千张)、粉皮、油豆腐、豆腐衣、腐乳等。豆制品大多作为素馅中的主要原料,但也有以其作为主坯原料或用其单独制作面点的。

❷ 干果、蜜饯 干果和蜜饯是甜馅的主要原料。干果是鲜果的果实、核、仁和植物种子的加工制品。主要有桃仁、麻仁、橄榄仁、花生仁、杏仁、瓜子仁、红枣、腰果、莲子、葡萄干、椰丝等。蜜饯是鲜果去皮、核后,切成片或块,经糖液泡制后烘干而成的制品,习惯与果脯混称,主要有蜜枣、橘饼、青梅、糖冬瓜、糖藕、各式果脯等。

单元四 调辅料与食品添加剂

一、调辅料

在面点的制作中除使用各种主料以外,为了让面点的口味更加鲜美,还时常使用各种辅助原料。

面点口味的变化,绝大多数需要借助于调味品。面点花样的变化,除了靠主料和制馅原料的变化外,还要靠油脂、糖类、乳制品、蛋类及添加剂等辅助原料的作用。

（一）油脂

面点工艺中,常用的油脂可分为动物性油脂、植物性油脂和加工性油脂三类。动物性油脂主要是指荤油,常温状态下一般呈固态。植物性油脂主要是指素油,常温下一般呈液态。加工性油脂主要是指混合油,常温状态下有固态和液态两种。油脂既是馅心的调味原料,同时也是面团的重要辅助原料,除调制油酥面团外,在成型操作和熟制的过程中也经常使用。

❶ **动物性油脂**

（1）猪油:猪油是从猪的脂肪组织板油、肠油或皮下脂肪层肥膘中提炼出来的。优良的猪油在液态时透明清澈,在固态时呈白色的软膏状,有光泽,无杂质。脂肪含量99%,在面点工艺中用途较广。

（2）黄油:黄油是从牛乳中分离加工制成的。色淡黄,具有特殊的奶油香味,脂肪含量85%。黄油的乳化性、起酥性、可塑性均较好,制成的食品比较柔软,有弹性,光滑细腻,常用于制作高级宴会点心。

❷ **植物性油脂** 植物性油脂的种类较多,主要有花生油、豆油、芝麻油、椰子油、橄榄油、茶油等。植物油一般在常温下呈液体状态,且带有植物本身特有的气味,故使用时须先将油熬熟,以减少其不良气味和水分。在各种植物油中,以花生油及芝麻油质量最佳,使用较多。植物油常用于制馅和熟制加热,很少用作辅料加入主坯。

❸ **油脂的作用** 油脂既可以用来调馅,同时也可以用来调制面团,除油酥面团外,在面点成型和熟制过程中也经常使用油脂,油脂的作用主要有以下几个方面。

（1）调馅:调馅时加入油脂,可使其色泽鲜亮,增强柔软性,增加营养价值。

（2）调制面团:调制面团时加入油脂,可制成油酥面团,用来制作具有层次和酥松性的面点,但油脂用量不宜过多,因为油脂在面团调制过程中会使面粉颗粒和酵母细胞外层包一层油膜,使面粉的吸水率降低,从而影响面筋的胀韧度和酵母的发酵作用。

（3）成型:在面点成型的过程中,适当使用一些油脂,能减弱面团的粘连性,便于操作。

（4）熟制:在熟制过程中,不管是油炸还是刷油烙,不同的面点要利用不同油温的传热作用,从而使成品产生香、脆、酥、松等不同味道和质地。

（二）糖类

制作面点常用的糖类主要有食用糖、饴糖两类,此外还有蜂蜜、葡萄糖浆和糖精等。

❶ **食用糖** 食用糖是从甘蔗、甜菜中提取糖分制成的,食用糖按色泽区分,可分为红糖、白糖两类,按形态和加工程度的不同,又可分为白砂糖、绵白糖、冰糖、方糖、红糖和赤砂糖。①白砂糖色泽洁白,杂质较少。②绵白糖质地细软,甜度略低于白砂糖,是糖中佳品。③冰糖和方糖是白砂糖的再制品,甜味纯正,多用于制馅和制作高级冷点。④红糖和赤砂糖含杂质较多,质量较差,使用前多须溶成糖水,滤去杂质。

❷ **饴糖** 饴糖也叫糖稀、米稀,是由淀粉经过淀粉酶水解制成,饴糖的主要成分是麦芽糖和糊精,色泽淡黄,质透明,呈浓厚黏稠的浆状,甜味较淡,饴糖可代替部分食用糖使用,能改善面点的色泽,润滑性和抗晶性,是面筋的改良剂,可使面点质地均匀。

❸ **蜂蜜** 蜂蜜通常是透明或半透明黏稠液体,带有花香味,一般多用于制作特色糕点。

❹ **葡萄糖浆** 葡萄糖浆也称淀粉糖浆,液体葡萄糖等,主要成分是葡萄糖,还含有部分麦芽糖和糊精,为无色或淡黄色透明度浓稠液。

❺ **糖精** 糖精也叫假糖,是从煤焦油中提炼出来的人工甜味剂,甜度很高,对人体无益,应尽量少用。

糖类不仅是一种甜味原料,同时也有助于改善面团质量,调制面团时掺和适量的糖类,不但可以增加成品的甜美滋味,提高成品的营养价值,还能改善面点的色泽,使面点表面光滑,在装饰面点表面花色时,糖类还能起到调色定型的作用。

（三）蛋品

蛋品是面点工艺中主要的辅助原料之一,用途极广,可以使制品增加香味和鲜艳色泽（烘烤时更容易上色）,并能保持面点制品的松软性。蛋品还可以改进面团组织,蛋液能起乳化作用,蛋清能使成品发泡,增加体积,蓬松柔软。利用蛋品的这些特性,可以制作出许多口味独特、形态各异、营养丰富的面点品种。

❶ **鲜蛋**　通常指鲜鸡蛋、鸭蛋、鸽蛋、鹌鹑蛋,以鸡蛋的使用量最大。鲜蛋即可以作主料,又可作辅料或配料。优质鲜蛋表面清洁,没有裂纹、硌窝靠黄、贴皮、发臭、发黑等现象,对着光线透视,气室很小,不移动,蛋内完全透光,没有任何斑点或斑块。根据蛋壳的厚薄不同、颜色也不同,蛋内呈暗红色、橘红色或橘黄色。

❷ **加工蛋**　加工蛋又称再制蛋。主要有咸鸭蛋和皮蛋两类。由于鸭蛋黄脂肪含量高,色素中叶黄素多,制成的咸蛋和皮蛋又克服了原有的腥味,所以鸭蛋最适合作加工蛋。

（1）咸鸭蛋:应清洁、无裂纹、气室小,蛋清呈白色,无斑点且松嫩。蛋黄为红黄色,松沙出油,咸淡适口,无异味。

（2）皮蛋:又称松花蛋。在制作过程中加入了烧碱、食盐等物质。当这些物质通过蛋壳气孔进入蛋内,可使蛋白发生变性凝结,形成了黑暗色的透明体,即蛋白。蛋黄经化学反应生成硫化氢和硫化铁,所以蛋黄呈绿褐色。另外,由于烧碱和食盐中的钠离子和氨基酸结合形成带鲜味的谷氨酸钠,所以皮蛋味道鲜美可口。

（四）乳制品

面点制作中常用的乳制品有鲜牛奶、炼奶、奶粉和脱脂奶粉等。乳制品在面点制作中的主要作用是增加其营养价值,并使制品具有独特的乳香味。乳制品具有良好的乳化性能,加入面团后能改进面团的胶体性质,促进面团中油与水的乳化,增加面团保留气体的能力,使制品膨松,柔软可口。同时,乳制品也能调节面筋的湿润度,使面团不收缩,因而可使制品表面有光泽,形态正常,色泽理想,酥性良好,此外,面团加入乳制品后,制品在一定时间内不会发生"老化"现象。因此,乳制品常用于制作高级点心。

（五）水

面点制作中用水的频率是很高的,水不仅可以调节面团的软硬度,便于淀粉膨胀和糊化,而且还能促进面粉中的面筋生成;促进酶对蛋白质和淀粉的水解,生成利于人体吸收的多种氨基酸和单糖;调节面团的温度,便于酵母的迅速生长和繁殖;溶解盐、糖及其他可溶性原料;熟制时作为传热介质。制品本身含一定量水分,可使其柔软湿润。

（六）盐

盐是制作面点不可缺少的辅料,除了用来调制馅心外,也可以用来调制面团。制作面团时加入适量的盐,可以起到下列作用。

❶ **增强面团劲力**　面团中加入盐,可提高面筋的吸水性能,增强面筋的弹性与强度,使之质地紧密,从而使面团在延伸或膨胀时不易断裂。

❷ **改善成品色泽**　面团中加入少许盐后,组织变得细密,面团颜色发白并具有光泽。

❸ **调节发酵速度**　在发酵面团中加入少许盐,可提高面团保留气体的能力,加快发酵速度,但不可过多,否则会影响面点的口感。

二、食品添加剂

（一）膨松剂

面点工艺中,凡是能使制品膨大、酥松的食品添加剂均可称为膨松剂。

❶ 生物膨松剂

（1）压榨鲜酵母:压榨鲜酵母是将酵母菌培养成酵母液,再用离心机将其浓缩,最后压榨而成。压榨鲜酵母呈块状,淡黄色,含水量在75％左右,有一种特殊香味。

（2）活性干酵母:活性干酵母是将压榨鲜酵母经过低温干燥法,脱去水分而制成的粒状干酵母。其色淡黄,含水量10％左右,具有清香气味和鲜美滋味,便于携带,便于储存。

❷ 化学膨松剂

（1）小苏打:学名碳酸氢钠（$NaHCO_3$）,俗称食粉。在潮湿或热空气中缓慢分解,放出二氧化碳。

（2）臭粉:学名碳酸氢铵（NH_4HCO_3）,俗称臭起子,外来名阿摩尼亚粉。遇热分解,产生二氧化碳和氨气。

（3）发酵粉:发酵粉又称泡打粉、发粉。它是由几种原料配制而成的复合膨松剂。遇冷水即产生二氧化碳。

（二）香精和色素

面点中往往要加入一些添加剂,如色素和香精。使面点的色泽更加艳丽、增加面点的香味。

❶ 色素　色素是给面点增加颜色的辅料,胭脂红、柠檬黄、亮蓝和靛蓝四种色素用得比较多,自制天然色素是比较健康的,比如菠菜汁、胡萝卜汁、芹菜汁、苋菜汁、南瓜泥等,加面粉和成各种颜色的面团,可制作出各种好吃又好看的面点。

❷ 香精　香精是用多种香料调合而成的,有天然香料和合成香料。目前,市场上常见的香精有香草、薄荷、可可、柠檬、椰子、杏、桃、菠萝、香蕉、苹果、玫瑰、杨梅、山楂味等。

（三）其他调料制品

酱油、料酒、胡椒粉、五香粉、十三香、味精、鸡精、可可粉、巧克力、柠檬酸、玫瑰露、海鲜酱、柱候酱、叉烧酱、桂花酱、糖浆、果酱、芝麻、花生、栗子等其他调料制品,均可根据制作面点的风味添加。

模块小结

本模块内容主要介绍了中式面点制作中所需要的部分原材料。分为四个部分,分别为中式面点原料概述、坯皮原料、制馅原料、调辅料及食品添加剂。我国地大物博,饮食文化源远流长,原材料品种丰富。同一原料因位于不同的产地而呈现细微差别,同一原料经过不同厂商加工处理所呈现的特性均有不同。同学们在掌握和丰富基础知识的同时,更要深入了解各原材料的状态,进行最佳的搭配,使产品得到最合理的利用。应通过学习、熟悉原料种类,掌握原料选择的几个关键,通晓各种原料的特性以便于今后灵活运用各种原料,制作出丰富多彩的面点品种。

思考与练习

单项选择题

1. 在稻米的结构中,（　　　）部分淀粉含量最多。

A. 皮层　　　　　　　B. 胚乳　　　　　　　C. 糊粉层　　　　　　　D. 胚

2. 糯米又称（　　　）,主要产于江苏南部、浙江等地。

A. 籼米　　　　　　　B. 粳米　　　　　　　C. 机米　　　　　　　D. 江米

扫码看答案

3. 粳米硬度高,黏性大于(　　　),而涨性小于籼米。

A. 糯米　　　　　　　B. 籼米　　　　　　　C. 紫米　　　　　　　D. 大米

4. 下列优质稻米中,色、形、味俱佳,生长期只需 75 天的是(　　　)。

A. 凤台籼米　　　　　B. 云南接骨米　　　　C. 上海香粳稻　　　　D. 马坝油占米

5. 小麦的(　　　)占小麦粒干重的 2.22%～4%。

A. 胚芽　　　　　　　B. 胚乳　　　　　　　C. 皮层　　　　　　　D. 糊粉层

6. 标准粉适宜作(　　　)等食品。

A. 宴会点心　　　　　B. 烙饼、烧饼　　　　C. 酥合子　　　　　　D. 面包

7. 玉米的胚特别大,约占总体积的(　　　)。

A. 20%　　　　　　　B. 10%　　　　　　　C. 30%　　　　　　　D. 5%

8. 被称为沁州黄的小米产于(　　　)省。

A. 山西　　　　　　　B. 山东　　　　　　　C. 河北　　　　　　　D. 陕西

9. 荞麦主要产区分布在西北、东北、华北、西南一带的(　　　)地区。

A. 温热带　　　　　　B. 温带　　　　　　　C. 高寒　　　　　　　D. 热带

10. 苦荞又称鞑靼荞麦,壳厚、(　　　)。

A. 籽实、略苦　　　　B. 籽实、略甜　　　　C. 籽实、略酸　　　　D. 籽实、略辣

11. 莜麦以山西、(　　　)一带食用较多。

A. 西藏　　　　　　　B. 内蒙古　　　　　　C. 陕西　　　　　　　D. 河北

12. 下列中属于天然色素的是(　　　)。

A. 苋菜红　　　　　　B. 胭脂红　　　　　　C. 靛蓝　　　　　　　D. 焦糖

13. (　　　)是指为增强营养成分而加入食品中的天然或人工合成属于天然营养素范围的食品添加剂。

A. 食品强化剂　　　　B. 食品着色剂　　　　C. 食品膨松剂　　　　D. 食品保鲜剂

14. 营养强化剂遇(　　　)一般不会被破坏。

A. 水　　　　　　　　B. 热　　　　　　　　C. 光　　　　　　　　D. 氧

15. 对人体有生理意义的多糖主要有淀粉、糖原和(　　　)。

A. 葡萄糖　　　　　　B. 半乳糖　　　　　　C. 纤维素　　　　　　D. 蔗糖

中式面点器具与设备

单元一 中式面点器具

面点的制作,很大程度上要依赖各式各样的工具。因各地面点的制作方法有较大的差别,因此所用的工具也有所不同。按面点的制作工艺,其制作工具可分为制皮工具、制馅工具、成型工具、成熟工具及其他工具等。

一、制皮工具

❶ 擀面杖 擀面杖(图 3-1-1)是制作皮坯和成型时不可缺少的工具。各种擀面杖粗细、长短不等,一般来说,擀制面条、馄饨皮所用的较粗长,用于油酥制皮或擀制烧饼的较粗短,应根据制品需要和个人手法、习惯选用。

图 3-1-1 擀面杖

❷ 通心槌 通心槌(图 3-1-2)又称走槌,形似滚筒,中间空,插入轴心,使用时来回滚动。由于通心槌自身重量较大,擀皮时可以省力,是擀大块面团的必备工具,如用于大块油酥面团的起酥、卷形面点的制皮等。

图 3-1-2 通心槌

❸ 单手杖 单手杖(图 3-1-3)又称小面杖,一般长 25～40 厘米,有两头粗细一致的,也有中间稍粗的,是擀饺子皮的专用工具,也常用于单体面点的成型,如酥皮面点等。

图 3-1-3 单手杖

25

❹ **双手杖**　双手杖又称手面棍(图 3-1-4),一般长 25～30 厘米,两头稍细,中间稍粗,使用时两根并用,双手同时配合进行,常用于烧卖皮、饺子皮的擀制。

图 3-1-4　双手杖

❺ **橄榄杖**　橄榄杖(图 3-1-5)中间粗,两头细,形如橄榄。长度比双手杖短,用于擀烧卖皮等。

图 3-1-5　橄榄杖

此外,还有花棍等制皮工具。

二、制馅工具

用于调馅及调料的工具有刀、砧板、筷子、馅盆、打蛋桶、打蛋器等。

❶ **刀**　刀主要有方刀、大片刀两种。方刀长 26 厘米,宽 13 厘米,用于切面团等。大片刀长 40 厘米,宽 20 厘米,薄而轻,主要用于剁菜馅。

❷ **馅盆**　馅盆分铝盆、瓷盆等。瓷盆内一般涂有瓷釉,大小容量不一,主要用来拌和肉馅。

❸ **打蛋桶**　打蛋桶用铝或铜制成,专供打蛋糊用。

❹ **打蛋器**　有竹制和钢丝制的,用来搅打蛋糊。

三、成型工具

❶ **印模**　印模多以木质为主,刻成各种形状,有单凹和多凹等多种规格,底部面上刻有各种花纹图案及文字(图 3-1-6)。坯料通过印模形成图案、规格一致的精美面点,如广式月饼、绿豆糕、晶饼、糕团等。

❷ **套模**　套模又称卡模、花戳子,用钢皮或不锈钢皮制成,形状有圆形、椭圆形、菱形以及各种规格与形状等(图 3-1-7),常用于制作清酥坯皮面点,如小饼干等。

❸ **盏模**　由不锈钢、铝合金、铜皮制成,形状有圆形、椭圆形等,主要用于蛋糕、布丁、塔、派、面包的成型。

④ **花嘴**　花嘴又称裱花嘴、裱花龙头,用铜皮或不锈钢皮制成,有各种规格,可根据图案、花纹的需要选用(图 3-1-8)。运用花嘴时将浆状物装入挤袋中,挤注时通过花嘴形成所需的花纹,如蛋糕的裱花、奶油曲奇裱花等。

图 3-1-6　印模

图 3-1-7　套模

图 3-1-8　花嘴

⑤ **花钳和花车**　花钳一般用铜片或不锈钢片制成,用于各种花式面点的钳花造型;花车(图3-1-9)是利用花车的小滚轮在面点夹面上留下各种花纹,如豆蓉夹心糕、苹果派等。

⑥ **小剪**　小剪用于剪象形面点的鳞、尾、翅、嘴和花瓣。

⑦ **小木梳**　小木梳梳齿印痕,用于象形面点的鱼鳍、动物尾、翅、趾等。

⑧ **鹅毛管**　鹅毛管用于象形面点的鱼鳞、玉米粒、核桃花纹、眼窝等。

⑨ **面挑**　面挑由一头尖、一头呈菱形的金属片做成,尖头用于戳眼,菱形用于按叶、花纹和鱼尾纹。

⑩ **小刀**　小刀用于划鱼鳃和剖酥面,也可用美工刀片代替。

四、成熟工具

① **锅**　锅按材质可分为铁锅、铝锅、铝合金锅、搪瓷锅、砂锅等。餐饮行业一般用的是铁锅。铁锅又有生铁锅和熟铁锅之分。熟铁锅一般用来煮制面点,生铁锅一般用来蒸制面点。

锅按用途分,有以下几种。

(1)水锅:水锅有大有小,蒸制面点一般都用宽沿生铁锅,煮饺子、面条、馄饨等一般用熟铁锅。

图 3-1-9　花车

27

（2）高沿锅：高沿锅又叫高沿档、平锅。锅底平坦，适于煎锅贴、水煎包，烙火勺，烙饼，摊春卷皮等。

（3）铁铛：铁铛又叫饼铛，是一块圆形的厚铁板，用于烙饼、摊煎饼等。

（4）烘盘：烘盘也称烤盘，即烘炉中用的金属盘，用来烤饼、酥点等。

（5）炒锅：炒锅一般比水锅小，用于炒饼、炒面、炒饭或制作油炸制品。

❷ **蒸笼** 蒸笼，又称笼屉。用南竹制成，优点在于不生虫，皮面不易裂。蒸笼规格很多，大小不一，以密封不走气为佳。笼底竹条应紧密平整，笼盖为尖圆形或馒头形，这样蒸汽不易下滴，避免影响制品质量。蒸馒头用的蒸笼边框较深，蒸糕用的则较浅。蒸制时笼底应衬有屉布，以防止食物粘笼。蒸面点时也有铺桑叶、玉米包叶的，这样既能透气，又可增加制品香味。蒸笼最底层还设有水圈，可防止沸水浸及食物。蒸笼大的一般用来蒸制馒头，小的则用于蒸制小笼包、烧卖等。

❸ **漏勺** 漏勺是一种铁制带柄的勺，勺面带有很多孔洞。漏勺大小不等，主要用于沥食物中的油和水分。

❹ **铁丝网罩** 铁丝网罩又称铁丝笊篱，是用铁丝编成的凹形网，在边上再加编一圈围罩，主要用于油炸制品的沥油。

❺ **铁筷子** 铁筷子主要用来翻动和夹取油炸制品。

❻ **铁丝筐** 铁丝筐主要分两种：一种是编织成半圆形的筐，用于炸油条沥油时使用，另一种是编织成圆形的筐，底部较密，用于炸制酥皮点心时使用。

五、其他工具

❶ **粉筛** 粉筛，又称箩，主要用于筛面粉，有绢、棕、马尾、铜丝、铁丝等各种筛面。根据用途、形状的不同，筛眼粗细亦不同。如制黄松糕用的是粗眼筛，做米粉点心则用的是细眼筛。

❷ **面刮板** 面刮板，也叫轧子，铜制或铝制的皆有。薄板上有握手，主要用来刮粉、切面团、轧糕等。

❸ **小簸箕** 小簸箕用铝条或柳条制作，扫粉、盛粉时使用。

❹ **色刷** 色刷主要用来弹色，如无色刷，亦可用牙刷代替。

❺ **毛笔** 毛笔主要用于抹色。

❻ **排笔** 排笔主要用来抹油。

❼ **石磨** 石磨主要用于磨粉，包括干磨与水磨。

单元二 中式面点机械与设备

我国传统面点制作多以手工生产方式为主，近年来，面点制作的机械设备及器具有了长足的发展，减轻了面点师的劳动强度，提高了生产效率。本单元对中式面点厨房的常用机械与设备做一般性的介绍。只有掌握了机械、设备的实用技术及养护知识，才能有助于我们提高面点制品的质量，使其制作流程更加规范合理。

一、中式面点常用设备

中式面点常用设备按其性质可分为机械设备、加热成熟设备、恒温设备、储物设备和工作案台等。

（一）机械设备

机械设备是面点生产的重要设备，它不仅能降低生产者的劳动强度，稳定制品质量，而且还有利于提高劳动生产率,便于大规模的生产。

❶ **和面机** 和面机又称拌粉机,主要用于搅拌各种粉料。它主要由电动机、传动装置、面箱、控制开关等部件组成,它利用机械运动将粉料、水或其他配料制成面坯,常用于大量面坯的调制。和面机的工作效率比手工操作高 5～10 倍,是面点制作中最常用的搅拌用具。

❷ **压面机** 压面机又称滚压机,是由机身架、电动机、传送带、滚轮、轴距调节器等部件构成。它的功能是将和好的面团通过压辊之间的间隙,压成所需厚度的皮料(即各种面团卷、面皮),以便进一步加工。

❸ **分割机** 分割机构造比较复杂,有各种类型,主要用途是把初步发酵的面团均匀地进行分割,并制成一定的形状。它的特点是分割速度快、分割量准确、成型规范。

❹ **揉圆机** 揉圆机是成型设备之一,主要用于面包的搓圆。

❺ **打蛋机** 打蛋机又称搅拌机,它由电动机、传动装置、搅拌桶等组成。它主要利用搅拌器的机械运动搅打蛋液、少司、奶油等,一般具有分段变速或无级变速功能。多功能的打蛋机还兼有和面、搅打、拌馅等功能,用途较为广泛。

❻ **饺子成型机** 目前,国内生产的饺子成型机为灌肠式饺子机。使用时先将和好的面、馅分别放入面斗和馅斗中,在各自推进器的推动下,将馅充满面管形成"灌肠",然后通过滚压、切断,做成单个饺子。

❼ **绞肉机** 绞肉机用于绞肉馅、豆沙馅等,其原理是利用中轴推进原料至十字花刀处,通过十字花刀的调整旋转,将原料制成蓉泥状,以供进一步加工之用。

❽ **磨浆机** 磨浆机主要用于磨制米浆、豆浆等,其原理是通过磨盘的高速旋转,使原料呈浆蓉状,以供进一步加工之用。

此外,机械设备还有挤注成型机、面条机、月饼成型机等。

(二)加热成熟设备

炉灶是面点制品成熟的主要设备。由于成熟方法多种多样,因此炉灶的结构形式也各不相同。通常有以下几种。

❶ **蒸煮灶** 适用于蒸、煮等熟制方法和蒸煮灶,目前有两种类型:蒸汽型蒸煮灶和燃烧型蒸煮灶。

(1)蒸汽型蒸煮灶:它是目前厨房中广泛使用的一种加热设备,一般分为蒸箱和蒸汽压力锅两种。

蒸箱是利用蒸汽传导热能,将面点直接蒸熟。它与传统煤火蒸笼加热方法相比,具有操作方便、使用安全、劳动强度低、清洁卫生、热效率高等优点。

蒸汽压力锅(又称蒸汽夹层锅)是热蒸汽通过锅的夹层与锅内的水交换热能,使水沸腾,从而达到加热食品的目的。它克服了明火加热易改变食品色泽和风味甚至焦化的缺点,在面点工艺中,常用来制作糖浆、浓缩果酱、及炒制豆沙馅、莲蓉馅和枣泥馅等。

(2)燃烧型蒸煮灶(即传统的火蒸煮灶):利用煤或柴油、煤气等能源的燃烧而产生热量,将锅内水烧开,利用水的对流传热作用或蒸汽的作用使生坯成熟的一种设备。现大部分饭店、宾馆多用煤气灶,主要是利用火力的大小来调节水温或蒸汽的强弱使生坯成熟。它的特点是适合少量制品的加热。在使用时一定要注意规范操作,以确保安全。

目前有不少部门采用蒸箱、蒸柜接通蒸汽锅炉,或以蒸汽管道通入装水的锅内代替蒸灶,将制品蒸熟或煮熟,这是一项很有价值的改造。

❷ **烘烤炉** 烘烤炉主要用于烘烤面点,其形状有方有圆。它的结构特点是火眼宽大,炉底通风口小,炉内两旁烧煤球,炉上盖铁铛,铛上烙,铛下烘烤。一般来说,圆炉为转圈烘,方炉为中间烙,两

侧烘。近年来推行中型及大型半自动化烘烤炉,炉为长形,内部生一个炉火或几个炉火,利用传送链条带动烤盘徐徐通过炉火进行烘烤。使用这种烘烤炉节省人力,制品质量也较好。

由于烘烤炉的通风口和气眼都很小,通风量不大,所以燃烧较慢,火力分布均匀,适宜于烘饼和烘糕。现在有的地方使用煤气烘炉,此炉分上下两层,一般先烘制底层,然后导至上层,使制品受热均匀。有了电烘炉、红外线辐射烤炉等以后,采用明火的烘烤炉使用得越来越少了。

❸ **远红外线电烤箱**　远红外线电烤箱(也称"双轴远红外线烤箱"),是目前大部分饭店、宾馆面点厨房必备的电加热成熟设备,适用于烘烤多种中式面点,具有加热快、效率高、节约能源的优点。

远红外线是以光速直线传播的无线电电磁波,波长在 40～1000 微米之间,是一种看不见、有加热作用的辐射线。当远红外线向物体辐射时,其中一部分被反射回来,一部分穿透物体继续向前辐射,还有一部分则被物体吸收而转变为热能。

远红外线电烤箱就是利用被加热物体所吸收的远红外线直接转变为热能,而使物体自身发热升温,达到使生坯成熟的目的。常用的远红外线电烤箱有单门式、双门式、多层式等型号,一般都装有自动温度控制仪、定时器、蜂鸣报警器等,先进的电烤箱还可对上、下火分别进行调节,具有喷蒸汽等特殊功能。它的使用简便卫生,可同时放置 2～10 个(或更多)烤盘。

使用烤箱时必须注意以下几点。

(1) 使用前,必须检查电路连接是否可靠,电压是否正常。

(2) 烘烤前,应先使烘箱预热。转动温度控制仪上的旋钮,使温度控制仪指示在所需的温度上,把门关紧,然后接通电源开关,烤箱开始加热升温,一般用 5～10 分钟,烤箱内温度即可达到 280 ℃。

(3) 烤箱内温度达到预定温度后,应保持 10 分钟左右,再放入食品烤盘,同时把排气阀打开。

(4) 如需定时烘烤制品时,可先转动时间继电器指针,使其指到所需时间刻度,再按下定时接钮,即可以启动自动定时报警器。时间继电器工作时不能拨动指针,以免损坏。

(5) 一般情况下,烘烤前几炉制品时,制品取出后不宜立即再放入新的制品烘烤,应关上箱门先升温,达到预定温度后,再放入制品,待烤箱内温度稳定后,方可连续作业。

(6) 若连续烘烤同一食品,应将温度、时间的控制一次调定,烤箱就会按照调定的温度和时间连续工作。

(7) 要尽量缩短放入食品盘和取出食品盘的时间,以免影响烘烤质量。

(8) 制品放入烤箱内烘烤,温度下降 50～60 ℃为正常现象,不需调整温度控制仪。

❹ **吊炉**　吊炉与烘炉属于同一类型,不同的是在平底锅的上方用铁索吊一锥形铁炉,内燃木炭。使用时,移动吊炉使之紧贴在平底锅上面,使制品上下都能受热。有的在平底锅里加一锥形铁罩,罩内不烧燃料,只是在使用时先将铁罩烘热,再盖在半锅之上把制品烘熟。这种设备在大城市正逐渐被淘汰,但在中小城市和乡镇餐饮店中仍有应用。

❺ **旋转烘炉**　旋转烘炉又名风车炉。式样与烘炉相似,只是放置面点生坯的装置可以不断转动,使生坯受热均匀。还有一种大型旋转烘炉,一面是进口,一面是出口,制品由进口入炉后不停地向前转动,待由出口出炉时已成为熟制品。这种炉一般都是流水作业,一些大型餐饮店正逐渐采用。

❻ **远红外多功能电蒸锅**　远红外多功能电蒸锅是以电能为能源,利用远红外电热管将电能转化为热能,通过传热介质(水或油)的作用,达到使生坯成熟的目的。因其具有操作简单、升温快、加热迅速、卫生清洁、无污染及蒸、煮、炸、煎、烙等多种成熟用途等优点,目前正被广泛使用。

❼ **蒸箱**　蒸箱大多是用不锈钢板材制成的柜式密封箱体,蒸箱内设多层屉格,外接蒸汽锅炉。制品生坯放入后,接通蒸汽,蒸一定时间,制品即可成熟。

❽ **蒸饭车**　蒸饭车的构造较为简单,用铝板制成车体,安装四个铁轮,内设几层不锈钢算格,通过阀门连接蒸汽锅炉。蒸饭车除可用来蒸制米饭、包子、馒头、花卷等外,还可用来对碗筷进行消毒。

它的优点是移动灵活,操作简便,保温性能良好。

⑨ 微波炉 微波炉在国外普及较广,目前已逐步被我国消费者认识和采用,是一种常用加热设备。

微波是指频率在 300～300000 兆赫,介于无线电波与红外线波之间的超高频电磁波。微波加热通过微波元件发出微波能量,用波导管输送到微波加热器。使用微波加热具有加热时间短、穿透能力强、瞬时升温、食物营养损失小、成品率高等显著优点。因为加热过程中制品同时均匀受热,内部升温更快一些,故导致制品成熟时缺乏足够焦糖化作用,色泽较差。

⑩ 平炉灶 平炉灶是一种适用于使用平锅的炉灶。燃料一般用小块煤或掺水的面煤,在炉内将煤堆成馒头状。使用时用煤封住火苗,然后根据需要用铁钎扎眼来调制火力。由于火力分布均匀,这种灶适于煎包子、锅贴、烙饼及摊春卷皮等。在绝大多数地区平炉灶已经被电饼铛所取代。

(三)恒温设备

恒温设备是制作面点不可缺少的设备,主要用于原料和食品的发酵、冷藏和冷冻,常用的有发酵箱、电冰柜(箱)、制冷机等。

① 发酵箱 发酵箱型号很多,大小也不尽相同。发酵箱的箱体大都为不锈钢,它由密封的外框、活动门、不锈钢托架、电源控制开关、水槽和湿度、温度调节器等部分组成。发酵箱的工作原理是靠电热管将水槽内的水加热蒸发,使面团在湿度和适合的温度下充分地发酵、膨胀。如发酵馒头、面包时,一般是先将发酵箱调节到设定的温度后,再进行发酵。

② 电冰柜(箱) 电冰柜(箱)是现代面点制作的主要设备。按设备构造分有直冷式(冷气自然对流)和风冷式(冷气强制循环)两种,按用途分有保鲜和低温冷冻两种。无论何种电冰柜(箱),均具有隔热保温的外壳和制冷系统,其冷藏的温度范围为 -40～10 ℃,具有自动恒温控制、自动除霜等功能,使用方便,可用来对面点原料、半成品或成品进行冷藏保鲜或冷冻加工。

③ 制冷机 制冷机主要用来制备冰块、碎冰和冰花。它由冰模、喷水及循环水泵、脱模电热丝、冰块滑道、储冰槽等组成。整个制冰过程是自动进行的,先由制冰系统制冷,水泵将水喷洒在冰模上,逐渐冻成冰块,然后停止制冷,用电热丝使冰块脱模,沿滑道进入储冰槽,再由人工取出冷藏。

(四)储物设备

① 储物柜 储物柜多用不锈钢材料制成(也有木质材料制成的),用于盛放大米、面粉等粮食。

② 盆 盆一般有木盆、瓦盆、铝盆、搪瓷盆、不锈钢盆等,其直径有 30～80 厘米等多种规格,用于和面、发面、调馅、盛物等。

③ 桶 桶一般分为不锈钢和塑料桶,主要用于盛放面粉、白糖等原料。

(五)工作案台

工作案台是制作面点的工作台,又称案台、案板。它是面点制作的必要设备。由于案台材料的不同,目前常见的有不锈钢案台、木质案台、大理石案台和塑料案台 4 种。

① 不锈钢案台 不锈钢案台一般整体都是用不锈钢材料制成,表面不锈钢板材的厚度在 0.8～1.2 毫米之间,要求平整、光滑、没有凹凸现象。由于不锈钢案台美观大方、卫生、易于清洁、台面平滑光亮、传热性质好,是目前各级饭店、宾馆采用较多的工作案台。

② 木质案台 木质案台的台面大多用 6～10 厘米以上厚的木板制成,底架一般有铁制、木制的几种。台面的材料以枣木为最好,柳木次之。案台要求结实、牢固、平稳、表面平整、光滑、无缝。

③ 大理石案台 大理石案台的台面一般是用 4 厘米左右厚的大理石材料制成,由于大理石台面较重,因此其底架要求特别结实、稳固、承重能力强。它比木质案台平整、光滑、散热性能好、抗腐蚀力强,是做糖艺的理想设备。

❹ **塑料案台** 塑料案台质地柔软,抗腐蚀性强,不易损坏,加工制作各种制品都较适宜,其质量优于木质案台。

二、常用设备使用注意事项

作为一个面点师,在了解面点制作各项设备、工具的用途、使用性能的同时,还应注意下列事项。

(一)熟悉设备、工具的性能

只有熟悉设备、工具的性能,才能正确使用并发挥设备、工具的最大效能。在使用这些设备、工具时,要严格按照有关要求和手法进行操作。

(二)编号登记,专人保管

因灶、案工具种类繁多,为方便使用,要编号登记,由专人负责保管。凡是制作时经常使用的,必须配备齐全。一般面案的工具放置时要注意到工具之间的关系,用过后必须放回原位,如擀面杖等不宜与粉筛、刀剪之类混放在一起。否则,粉筛会被戳破,擀面杖会被折断或磨伤。盘秤应挂在固定地方,因其易损坏,要注意放好。蒸笼、烤盘、面盆及各种模具用后必须洗刷干净,放在通风干燥处。铁器和铜器工具均要经常擦拭干净以免生锈。

(三)做好设备、工具的清洁

食品是直接入口的,卫生的好坏与用餐者的健康有着直接的关系,所以制作面点时,不仅要注意原料卫生,搞好个人卫生,还要做好设备和工具的卫生,不然就容易污染食品,甚至传染疾病。在日常操作中,案板、擀面杖、刮刀以及盛食料的钵、盆、缸、桶、布袋等,用后必须洗刷干净并保持清洁。每隔一定时期,还要进行彻底消毒。消毒方法应根据设备、工具的性质、种类的不同而予以不同处理,如用沸水烫、沸水煮、蒸汽或化学药品消毒等。用药物时,必须按规定操作,预防事故发生。

(四)注意对面点制作设备的维护和检修

维护和检修设备非常重要。特别是机械设备的检修工作,如切面机、和面机等的辊轴、轴承等,必须按时加油(加机器油,不可加植物油)使其润滑,减少磨损。刀片、齿轮等在使用和拆卸安装时应特别小心。小零件不用时,应妥善放置,以免遗失。电动机宜放在干燥的地方。开动时间不宜过长。机器不用时要防止杂物和污物进入机器内部,最好用机罩或布盖好。机器使用前,先检查各部分机件是否正常,然后再开动以免发生事故。

(五)注意操作安全

使用设备、工具时,首先,思想必须集中。其次,要严格遵守操作规程,认真履行安全操作程序,餐饮业中从事面点制作的女性较多,所以注意操作安全极为重要。操作前应戴好工作帽,并把头发掖进帽内,同时要检查工作服是否整齐,是否戴了袖套,一定要避免由于着装不整而发生的恶性事故。再次,要重视设备安全。不得任意摘除机器上的保护罩、安全网等装置。发现损坏的零件,必须及时修理和更换。

模块小结

本模块主要介绍了中式面点制作中所需要的部分器具和设备,分别为常用中式面点器具、中式面点机械与设备以及设备使用注意事项。我国地大物博,饮食文化源远流长,加工工具设备千奇百态。同一工具在不同地域和不同人员的使用中也有细微差别,同一工具在各地的叫法也有些许不同。同学们在掌握和丰富工具设备基础知识的同时,更要深入了解各种工具设备的形态性能、使用注意事项,使工具设备得到最合理的运用,从而制作出更好的面点品种。

思考与练习

1. 中式面点器具在面点制作中起什么作用?

2. 中式面点常见用具主要有哪几类?

3. 常用设备使用有哪些注意事项?

中式面点成团工艺及原理

单元一 中式面点面团概述

面团,是指粮食类的粉料与水、油、蛋、糖以及其他辅料混合,经调制使粉粒相互黏结而形成的用于制作面点半成品或成品的均匀的团、浆坯料的总称。面团的形成过程一般称为面团调制,就是指将配制好的原料,用和面的方法,调制成适用于各种面点制作所需要的面团。面团调制的主要目的是使各种原料混合均匀,发挥原材料在面点制作中应起的作用;改变原材料的物理性质,如软硬、韧性、弹性、可塑性、延伸性等,以满足制作面点制品的需要,为成型做准备。

一、和面方法

和面是整个面点制作中第一道工序,也是一个重要的环节,面团的质量能直接影响成品品质和面点制作工艺能否顺利进行。

和面常用的方法主要分为炒拌法、调合法、搅和法三种,其中以炒拌法使用最广泛。

（一）炒拌法

❶ **适用范围** 炒拌法适用于面粉数量较多的冷水面团和发酵面团等,是在缸（盆）内进行操作的和面方法。

❷ **操作方法** 将面粉放入缸（盆）中,中间掏一坑塘,第一次放入水量（占总水量的70%~80%）,双手伸入缸中,从外向内,由下向上,反复炒拌。使面粉与水结合,呈雪花片状时加入第二次水（占总水量的20%~30%）继续双手抄拌成为结块的状态,然后揉搓成团,达到"三光"（即面光、手光、容器光）的要求。

❸ **注意事项**

（1）和面时以粉推水,促使水和面粉迅速结合。

（2）双手从外向内,由下向上,反复炒拌。

（3）根据面团软硬的需要,掌握加水的次数和掺水量。

（二）调合法

❶ **适用范围** 调合法适用于面粉较少的冷水面、烫面和油酥面团等,是在案板上进行操作的和面方法。

❷ **操作方法** 将面粉放在案板上,围成中薄边厚的圆形小坑（圆坑塘形）,将水倒入中间,用刮板由内向外慢慢调合,使面粉与水结合,面成雪花片状后,再掺入适量水揉成面团。

❸ **注意事项**

（1）面粉在案板上挖小坑,左手掺水,右手用刮板由内向外慢慢调合。

（2）操作中手要灵活,动作要快,防止水溢到外面。

（3）根据面团的要求,掌握面粉与掺水的比例和次数。

（三）搅和法

❶ **适用范围** 搅和法适用于粉料较多,用开水调制的面粉、米粉面团或掺水量较多的面团以及

面糊等,是在缸(盆)内使用工具进行搅和的和面方法。

❷ **操作方法**　将粉料放在缸(盆)里,中间掏坑(也可不掏坑),左手浇水,右手使用工具搅和,边浇边搅,搅匀成团即可。

❸ **注意事项**

(1)调制烫面时,开水浇在粉料中间,搅和要快,使水、面尽快混合均匀。

(2)调制掺水量较多的面团或面糊时,要分次加水,顺着一个方向搅和。

(3)根据面团的需要,掌握粉料与水温、水量的比例和掺水次数。

二、和面的要求

和面是将面粉粉制原料中加入水(或油、蛋、奶、糖浆等)中,经拌和使之成团的一项技术。由于它是面点制作的首要工序,故在操作时必须掌握以下要求。

(一)和面的姿势要正确

在和面时,特别是面粉较多的情况下,需要一定的臂力和手腕力量,掌握正确的姿势,可以起到省力高效的效果。正确的和面姿势应该是两脚自然分开,站成丁字步,站立端正,上身要适当前倾,这样便于用力。

(二)掌握掺水比例

和面的掺水量与面粉的干燥程度、气候的冷暖、空气的干湿度、水温的高低、面团的性质和用途等方面有关,一般情况下应该根据实际情况而定。

在调制冷水面团和温水面团时,应该采用分次(2～3次)加水的方法,使面粉慢慢吸水,面团逐步上劲。掺水量要根据面团的用途而定。水饺面团一般是500克面粉掺水150～175克。春卷皮面团掺水量是500克面粉掺水300～350克。

在调制热水面团时,应该采用一次加足,保证水温把粉料烫透。在拌成雪花片状后淋上少许冷水揉成面团。蒸饺、锅贴等面团的掺水量为500克面粉掺水200克左右(热水)。米粉面团中的烫粉面团是500克米粉掺水200克左右。

三、和面的质量要符合面点制作的要求

(一)配比要准确

无论采用何种和面方法或何种面团,都要讲究操作动作熟练,掺水比例恰当,和面做到匀、透、不夹粉粒,达到面光、手光、容器光的“三光”要求。

(二)和面的手法要熟练

实际操作时,无论采用哪种手法,都要讲究动作迅速、干净利落,这样,粉料才会掺水均匀,不夹带粉粒。特别是烫面,如果动作慢了,不但掺水不匀,而且生熟不均,成品内有白团块,影响成品的质量。

四、评价标准(表4-1-1)。

表 4-1-1　和面质量评价标准

单位:分

指标分数项目	标准时间(5分钟)	面粉数量(500克)	水量	动作	面团软硬	清洁卫生	合计
配　分	20	10	10	25	25	10	100
扣　分							
实得分							

单元二　水调面团工艺

一、水调面团形成的基本原理

水调面团的形成是由于面粉等粮食粉料所含的物质在调制过程中产生的物理、化学变化所致，一般认为有四种作用，即蛋白质溶胀作用（即面筋的形成作用）、淀粉糊化作用、吸附作用、黏结作用。

（一）蛋白质溶胀作用形成面团的机理

蛋白质分子为链状结构，在链的一侧分布着大量的亲水基团，如羟基(-OH)、氨基($-NH_2$)、羧基(—COOH)等，另一侧分布着大量的疏水基团。整个分子近似球形，疏水基团分布在球心，而亲水基团分布在球体外围。蛋白质的溶液称为胶体溶液或溶胶，溶胶性质稳定而不易沉淀。在一定条件下如溶液浓度增大或温度降低，蛋白质溶胶失去流动性而成为软胶状的凝胶。凝胶进一步失水成为固态的干凝胶。面粉中的蛋白质即属于干凝胶。

蛋白质由溶胶变为凝胶、干凝胶的过程称作蛋白质的胶凝作用。由于蛋白质分子没有变性，故胶凝过程是可逆的。即蛋白质干凝胶能吸水膨胀形成凝胶，这个过程叫作蛋白质的溶胀作用。这种溶胀作用对于不同的蛋白质有着不同限度。一种是无限溶胀，即干凝胶吸水膨胀形成凝胶后继续吸水形成溶胶，如面粉中的麦清蛋白和麦球蛋白；一种是有限溶胀，即干凝胶在一定条件适度吸水变成凝胶后不再吸水，如麦谷蛋白和麦胶蛋白。

麦谷蛋白和麦胶蛋白的有限溶胀是面团形成的主要机理。当面粉与水混合后，面粉中的面筋性蛋白质（麦胶蛋白和麦谷蛋白）迅速吸水溶胀，膨胀了的蛋白质颗粒互相连接起来形成面筋，经过揉搓使面筋形成规则排列的面筋网络，即蛋白质骨架。同时面粉中的淀粉、纤维素等成分均匀分布在蛋白质骨架之中，就形成了面团。如冷水面团的形成即是蛋白质溶胀作用所致，冷水面团具有良好的弹性、韧性和延伸性。

蛋白质吸水胀润形成面筋的过程是分两步进行的。第一步，面粉与水混合后，水分子首先与蛋白质分子表面的极性基团结合形成水化物，吸水量较少，体积膨胀不大，是放热反应。第二步，水以扩散方式向蛋白质胶粒内部渗透。在胶粒内部有低分子量可溶性物质（无机盐类）存在，水分子扩散至内部使可溶性物质溶解而增加了浓度，形成一定的渗透压，使水大量向蛋白质胶粒内部渗透，从而使其分子内部的非极性基团外翻，水化了的极性基团内聚，面团体积膨胀，蛋白质分子肽链松散、伸展，相互交织在一起，形成面筋网络，而淀粉、水等成分填充其中，即形成凝胶面团，此阶段属不放热反应。水以扩散方式向胶粒渗透的过程实际是缓慢的，这就需要借助外力，以加速渗透。所以，在和面时采用分次加水的办法，与面粉拌和，然后再进行揉面、揣面，其作用就是使上述第二步中水的扩散加速进行，使面筋网状结构充分形成。与此同时，面粉中的淀粉也吸水胀润。

（二）淀粉糊化作用

淀粉在水中加热到一定温度后，淀粉粒开始吸收水分而膨胀，温度继续上升，淀粉颗粒继续膨胀，可达到原体积的几倍到十几倍，最后淀粉粒破裂，形成均匀的黏稠糊状溶液，这种现象称为淀粉的糊化。糊化时的温度称为糊化温度。

淀粉糊化作用的本质是淀粉中有规则和无规则（晶体和非晶体）状的淀粉分子间的氢键断裂，分散在水中成为胶体溶液。

淀粉糊化作用的过程可分为三个阶段。①第一阶段是可逆吸水阶段：当水温未达到糊化温度时，水分只能进入到淀粉粒的非结晶区，与非结晶区的极性基团相结合或被吸附。在这一阶段，淀粉粒仅吸收少量的水分，晶体结构没有受到影响，所以淀粉外形未变，只是体积略有膨胀，黏度变化不大,若此时取出淀粉粒干燥脱水,仍可恢复成原来的淀粉粒。②第二阶段是不可逆吸水阶段:当水温达到糊化开始温度,热量使得淀粉的晶束运动动能增加,氢键变得不稳定,同时水分子动能增加,冲破了晶体的氢键,进入结晶区域,使得淀粉颗粒的吸水量迅速增加,体积膨胀到原来体积的 $50\sim100$ 倍,进一步使氢键断裂,晶体结构破坏。同时,直链淀粉大量溶于水中,成为黏度很高的溶胶。糊化后的淀粉,晶体结构解体,变成混乱无章的排列,因此无法恢复成原来的晶体状态。③第三阶段时温度继续上升,膨胀的淀粉粒最后分离解体,黏度进一步提高。

面粉中的淀粉有直链淀粉和支链淀粉,它们不溶于冷水,但能与水结合,支链淀粉有明显的受热糊化、颗粒膨胀的性质。据实验表明,淀粉颗粒在常温下基本无变化,吸水率低,不溶于水,大体保持硬粒状态。淀粉颗粒在水温 30 ℃时可结合 30%的水,颗粒不膨胀,大体上仍保持硬粒状态。淀粉颗粒在水温 50 ℃左右时,吸水和膨胀率仍然很低,黏度变动不大。在 53 ℃以上的水温时,淀粉开始膨胀。当水温在 60 ℃以上时,淀粉粒比常温下大好几倍,吸水率增大,黏性增强,部分淀粉溶于水,进入糊化阶段。当水温为 $67.5\sim80$ ℃时,淀粉大量溶于水,此时的直链淀粉扩散成为有黏性的溶胶体。当水温进一步升高达 100 ℃并加以搅拌时,支链淀粉可形成稳定的黏稠胶体溶液。

淀粉糊化后黏度急骤增高,随温度的上升增高很快。在一些面团的调制中常利用淀粉糊化产生的黏性形成面团。如沸水面团、米粉面团、澄粉面团等。

（三）黏结作用

有一些面团的形成,是利用具有黏性的物质使皮坯原料彼此黏结在一起而形成的。如混酥面团成团与油脂、蛋液的黏性有关;川点中的珍珠圆子坯料是利用蛋液和淀粉趁热加入刚煮好的糯米中产生的黏性使米粒彼此黏结在一起而形成的。

（四）吸附作用

如干油酥面团的形成,就是依靠油脂对面粉颗粒表面的吸附而形成面团的。

二、影响面团形成的因素

（一）原料因素

❶ 水　水可从两方面影响面团形成,一是水量,二是水温。绝大多数面团要加水制成,加水量多少视制品需要而定。调制同样软硬度的面团,加水量要受面粉质量、添加的辅料、温度等因素影响。面粉中面筋含量高,吸水率则大,反之则小;精制粉的吸水率就比标准粉大;面粉干燥含水量低,吸水率则大,反之则小;面团中油、糖、蛋用量增多,面团的加水量要减少;气温低,空气湿度小,加水应多些,反之则少些。

水温与面筋的生成和淀粉糊化有着密切关系。水温 30 ℃时,麦谷蛋白、麦胶蛋白最大限度胀润,吸水率达到最大,有助于面筋充分形成,但对淀粉影响不大。当水温超过成 60 ℃,淀粉吸水膨胀、糊化,蛋白质变性凝固,吸水率降低。当水温达到 100 ℃时,蛋白质完全变性,不能形成面筋,而淀粉大量吸水,膨胀破裂,糊化,黏度很大。所以,调制面团时要根据制品性质需要选择适当水温。

❷ 油脂　油脂中存在大量的疏水基,使油脂具有疏水性。在面团调制时,加入油脂后,油脂就与面粉中的其他物质形成两相,油脂分布在蛋白质和淀粉粒的周围,形成油膜,限制了面筋蛋白质的吸水作用,阻止了面筋的形成,使面粉吸水率降低,又由于油脂的隔离作用,使已经形成的面筋微粒不能互相结合而形成大的面筋网络,从而降低了面团的黏性、弹性和韧性,增加了面团的可塑性,增强了面团的酥性结构。面团中加入的油脂越多,对面粉吸水率影响越大,面团中面筋生成越少,筋力降低越大。

❸ 糖　糖的溶解度大,吸水性强。在调制面团时,糖会迅速夺取面团中的水分,在蛋白质胶粒外部形成较高渗透压,使胶粒内部的水分产生渗透作用,从而降低蛋白质胶粒的胀润度,使面筋的生

成量减少。又由于糖的分子量小,较容易渗透到吸水后的蛋白质分子或其他物质分子中,占据一定的空间位置,置换出部分结合水,形成游离水,使面团软化,弹性和延伸性降低,可塑性增大。因此,糖在面团调制过程中起反水化作用。糖对面粉的反水化作用,双糖比单糖的作用大,糖浆比糖粉的作用大。糖不仅用来调节面筋的胀润度,使面团具有可塑性,还能防止制品收缩变形。

❹ 鸡蛋　鸡蛋中的蛋清是一种亲水性液体,具有良好的起泡性。在高速机械搅打下,大量空气均匀混入蛋液中,使蛋液体积膨胀,拌入面粉及其他辅料后,经成熟即形成疏松多孔、柔软而富有弹性的海绵蛋糕类产品。蛋黄中含有大量的卵磷脂,具有良好的乳化性能,可使油、水、糖充分乳化,均匀分散在面团中,促进制品组织细腻,增加制品的疏松性。蛋液具有较高的黏稠度,在一些面团中,常作为黏结剂,促进坯料彼此的黏结。蛋液中含有大量水分和蛋白质,用蛋液调制的筋性面团,面团的筋力、韧性可得到加强。

❺ 盐　调制面团时,加入适量的食盐,可以增加面筋的筋力,使面团质地紧密,弹性与强度增加。盐本身为强电解质,其强烈的水化作用往往能剥去蛋白质分子表面的水化层,而使蛋白质溶解度降低,胶粒分子间距离缩小,弹性增强。但盐用量过多,会使面筋变脆,破坏面团的筋力,使面团容易断裂。

❻ 碱　面团中加入适量的食碱,可以软化面筋,降低面团的弹性,增加其延伸性。面团加碱后,面团的 pH 值改变。当面团 pH 值偏离蛋白质等电点时,蛋白质溶解度增大,蛋白质水化作用增强,面筋延伸性增加。拉面、抻面就是因为加了碱,才变得容易延伸,否则在加工过程中很容易断裂,这也是一般机制面条都要加碱的原因。食碱还有中和酸的作用,这是酵种发酵面团使用碱的目的。

（二）操作因素

❶ 投料顺序　面团调制时,投料顺序不同,也会使面团工艺性能产生差异。比如调制酥性面团,要将油、糖、蛋、乳、水先行搅拌乳化,再加入面粉拌和成团。若将所有原料一起拌和或先加水,后加油、糖,势必造成部分面粉吸水多,部分面粉吸油多,使面团筋酥不匀,制品僵缩不松。又如调制物理膨松面团,一般情况下要先将蛋液或油脂搅打起发后,再拌入面粉,而不能先加入面粉,否则易造成面糊起筋,制品僵硬,不疏松。再如调制酵母发酵面团,干酵母不能直接与糖放在一起,而应混入面粉中,否则面粉掺水后,糖迅速溶解产生较高的渗透压,严重影响酵母的活性,使面团不能进行正常发酵。

❷ 调制时间　调制时间是控制面筋形成程度和限制面团弹性最直接的因素,也就是说面筋蛋白质的水化过程会在面团调制过程中加速进行。掌握适当的调制时间和速度,会获得理想的效果。由于各种面团的性质、特点不同,对面团调制时间要求也不一样。酥性面团要求筋性较低,因此调制时间要短。筋性面团的调制时间较长,使面筋蛋白质充分吸水形成面筋,增强韧性。

❸ 面团静置时间　静置时间的长短可引起面团物理性能的变化。不同的面团对静置的要求不同。酥性面团调制后不需要静置,立即成型,否则面团会生筋,夏季易走油而影响操作,影响产品质量。筋性面团调制后,弹性、韧性较强,无法立即进行成型操作,要静置 15～25 分钟,使面团中的水化作用继续进行,达到消除张力的目的,使面团渐趋松弛而有延伸性。静置时间短,面团擀制时不易延伸;静置时间过长,面团外表发硬而丧失胶体物质特性,内部稀软不易成型。

三、水调面团调制工艺

（一）冷水面团

❶ 冷水面团的成团原理　冷水面团采用的水温在 30 ℃左右,在常温下,面粉中麦谷蛋白和麦胶蛋白吸水溶胀,显示出良好的胶体性质,具有良好的弹性、韧性、延伸性,在外在力的搅拌或揣揉下,这些蛋白质互相连接起来形成了面筋网络,同时面粉中的其他物质成分如淀粉、纤维素等均匀地分散在面筋网络中,与面筋蛋白质网络一起形成面团,即冷水面团。冷水面团的成团主要是由外在

的调制力和内在蛋白质溶胀的共同作用形成的。

❷ **冷水面团的调制方法**

（1）材料：面粉 500 克，盐 3 克，冷水（硬面 200 克，中面 250 克，软面 300 克）。

（2）调制：将面粉入盆中，中间拨开成窝，再将盐加入面粉中间，将冷水慢慢倒入中间拌匀，边倒水边搅拌，拌成面穗子后，将盆边搓净，用手揉至成团，再用湿布盖好，以防干皮，静置 6 分钟左右。将饧过的面团，再度揉至表面光滑即可使用。

❸ **冷水面团的特点**　冷水面团由于是以冷水和面，面筋质没有受到破坏，能够充分发挥作用。淀粉颗粒在冷水中不易溶解，吸水膨胀性差，因此其特点是面团内部无空洞，体积不膨胀，面筋质较多，劲大而韧性强，制出的成品色洁白、爽口、有筋，不易破碎，适宜做煮、烙的制品，如面条、水饺、馄饨、单饼、盘丝饼（图 4-2-1）等。

图 4-2-1　盘丝饼冷水面团

❹ **冷水面团的技术要领**

（1）水温要适当：温度影响面筋的生成量，30 ℃时最有利于面筋蛋白质吸水形成面筋。因此冬季气温低时，调制冷水面团可用微温的水；夏季气温高时可掺入少量冰水来降低水温，还可添加适量的盐增加面筋的强度和弹性，促使面团组织紧密。

（2）正确掌握加水量：加水量要根据成品需要而定，同时要考虑面粉质量和温度、湿度等因素。面粉调制成团，不宜再加水或粉来调节软硬度，这样不仅浪费时间和人力，还会影响面团质量。因此，配方水量要事先确定，总的原则是在保证成品软硬度需要的前提下，根据各种因素，加以调整。

（3）分次掺水，掌握好掺水比例：和面时，掺水要分次加入。分次掺水的作用一是便于调制；二是可随时了解面粉吸水情况。因为一次掺水过多，粉料一时吸收不进去，易将水溢出，使粉料拌和不均匀。一般分 2～3 次掺水，第一次掺水量占总水量的 70％～80％，第二次占 20％～30％，第三次将剩余的少量水洒在面上。第一次掺水拌和时，要观察粉料吸水情况，若粉料吸不进水或吸水少时，第二次掺水要酌量减少。分次掺水可衡量所用粉料的吸水情况，以便正确掌握掺水量。

（4）添加盐、碱可增强面团筋力：冷水面团中加入盐、碱都是为了增强面团筋力。使面筋弹性、韧性和延伸性增强。面团中加碱，会使制品带有碱味，同时使面团出现淡黄色，并对面粉中的维生素产生破坏作用，因而一般的面团不用加碱来增强面团筋力，而是加盐。但擀制手工面、抻面等，常常既加盐，又加碱。因为加碱不仅可以强化面筋，还能增加面条的爽滑性，使面条煮时不浑汤，吃时爽口不黏。

（5）加蛋可增强面团韧性：冷水面团中加入蛋液，可使面团表现出更强的韧性，如馄饨、面条面

Note

团中常用加蛋来增加其爽滑的口感,甚至用蛋液代替水和面制成金丝面、银丝面。由于蛋液中蛋白质含量高,暴露在空气中易失水变成凝胶及干凝胶,从而易使面团表面结壳,面条、馄饨皮翻硬。

(6)充分揉面:揉面的作用有三点,①使各种原料混合均匀;②加速面粉中的蛋白质与水的结合形成面筋;③扩展面筋。揉面时间短,没扩展的面筋由于蛋白质结构不规则,使面团缺乏弹性。而经过充分揉制的面团,由于蛋白质结构得到规则伸展,面团具有良好弹性、韧性和延伸性。

行话说:"揉能上劲"。就是这个道理。因此,调制冷水面团时一定要充分揉搓,将面团揉透,揉光滑。对于拉面、抻面,在揉面时还需有规则、有次序、有方向,使面筋网络变得规则有序。但揉的时间不是越长越好,揉久了面筋衰竭、老化,弹性、韧性又会降低。

(7)充分饧面:面团通过静置可得到充分松弛而恢复良好的延伸性,更有利于下一道工序的有效进行。

（二）温水面团

❶ **温水面团的成团原理**　温水面团采用的水温一般在 50 ℃左右,这种温度和面时,面粉中一部分的蛋白质开始热变性,一部分的淀粉也开始发生糊化现象,但由于水温偏低的原因,面粉中的蛋白质和淀粉只有一部分发生热变性和糊化现象,剩余部分的麦谷蛋白和麦胶蛋白还可以发生溶胀作用形成面筋网络,所以,温水面团是由蛋白质的溶胀作用和淀粉的糊化作用共同形成的介于冷水面团和热水面团之间的一种面团。

❷ **温水面团的工艺**

(1)材料:面粉 500 克,盐 4 克,水 300 克。

(2)做法:将面粉放入盆中,加入盐,逐次倒入 50 ℃左右的温水,拌均匀,用力搓揉,表面呈现光滑并成团后,用干净的湿布将面团仔细包好,并静置约 10 分钟,然后再搓揉至面团光滑即可使用。

❸ **温水面团的特点**　温水面团由于采用温水调制,面粉中的淀粉刚刚开始糊化,蛋白质开始进入热变性阶段,与水结合形成面筋的能力降低,所以温水面团的特点是白而有一定韧性、筋力,富有可塑性,做出的成品不易走样,适宜做成型要求高的制品,如花色蒸饺(图 4-2-2)、烙饼、烧卖等。

图 4-2-2　花色蒸饺温水面团

❹ **温水面团调制的技术要求**

(1)水温、水量要准确:水温过高,会引起蛋白质明显变性,淀粉大量糊化,面团筋力弱,而黏柔性强,颜色发暗,达不到温水面团性质要求;水温过低,则淀粉不膨胀、糊化,蛋白质不变性,且面团筋力过强,易使花色蒸饺类制品造型困难,成品口感发硬,不够柔软。具体水温的掌握要根据品种的要求,考虑气温、粉温的影响。加水量的多少要根据品种的要求,考虑水温等因素的影响,使调制出的面团软硬适度。水温升高时面粉吸水量增大,反之则减小。

（2）操作动作要快：若操作动作过于缓慢,尤其在冬季,气温较低,水温、面团温度会很快降低,使调制的面团达不到要求。

（3）必须散去面团内热气：因为用温水和面后,面团有一定热度,热气郁集在面团内部,易使淀粉继续膨胀、糊化,面团会逐渐变软、变稀,甚至黏手,制品成型后易结壳,表面粗糙。因此,面团和好后,摊开或切成小块晾凉,使面团中的热气散去,水分也散失一些,淀粉不再继续吸水。

（4）静置饧面：散尽热气后,将面坯揉成团,加盖湿布或保鲜膜,静置片刻,待面团松弛柔润后再制成品。

（三）热水面团

❶ **热水面团的概念**　热水面团又称烫面、开水面团。用 80 ℃以上的热水调制,面粉中的蛋白质在这种温度下完全发生热变性,失去形成面筋的条件,淀粉也完全开始糊化,形成具有黏性的胶体性质,黏结其他成分形成面团。

❷ **热水面团的工艺**

（1）热水面团调制工艺流程：

面粉→烫粉→拌和→散热→揉面→饧面→成热水面团

（2）热水面团基本配方：

①沸水浇入法：面粉 500 克,热水 350～400 克。

②全烫面法：面粉 500 克,开水 500～1000 克。

（3）热水面团的调制方法：根据制品对面团的性质要求确定烫面工艺的工序,热水面团的调制分为沸水浇入法和全烫面法两种。

①沸水浇入法：面粉 500 克倒入盆中,400 克沸水浇入面粉中,边浇水边用面杖搅拌,浇水要浇在干粉处,水浇完时面也搅匀,再将面揪成小块,散尽其中热气,面凉透后揉均匀成面团。

②全烫面法：锅中 1000 克水烧沸,改用小火,面粉 500 克倒入沸水中,用面杖先轻后重用力不断搅拌,搅均匀、搅熟透至无生粉粒,倒在刷过油的案子上铺薄,在面的表面刷油,晾凉、晾透,最后揉成面团。

❸ **热水面团的特点**　热水面团由于是采用超过 80 ℃的热水调制的面团,面粉中所含的面筋质受到破坏（即蛋白质变性凝固）,淀粉受热水的作用糊化,产生较大的黏性,所以热水面团的特点是筋力差,可塑性强,用这种面团制作包馅制品,上屉蒸时不易穿底露馅,而且易消化,面团适宜做蒸、炸、烙、煎的制品,如烫面饺、炸糕（图 4-2-3）、家常饼、荷叶饼等。

❹ **热水面团调制的技术要求**

（1）正确掌握加水量：热水面团的加水量一定要准确,该加多少水,在调制过程中一次加完、加足,不能在成团后调整。因为成团后,若面团太硬,补加热水再揉,很难揉匀;如太软,重新掺粉会影响面团的性质。

（2）热水要浇匀：调制过程中,边浇水,边拌和,浇水要匀,搅拌要快,水浇完,面拌好。这样可以使面粉中的淀粉均匀吸水膨胀、糊化,蛋白质变性,阻止面筋生成,使面团性质均匀一致。

（3）洒上冷水揉团：热水和面,加热水拌和均匀,要揉团时需均匀洒上少许冷水,再揉搓成团。这样可使面团黏糯性更好,成品口感糯且不黏牙。

（4）散尽面团中热气：面粉成团后要掰开散发热气。热气不散尽,做出的成品不但结皮,表面粗糙,而且制品口感不糯且黏牙。

图 4-2-3　炸糕热水面团

（5）防止面团筋力过强：热水面团只要揉匀、揉透即可，不必多揉和长时间地饧放，否则面团易起筋，失掉烫面的特点，影响成品的质量。

（6）备用的热水面团要用湿布盖上。

单元三　膨松面团工艺

一、生物膨松面团

（一）生物膨松面团的概念

生物膨松面团是指在和面时放入一定量酵母菌（或面肥），使面团在适当的温度、湿度等外界条件和淀粉酶的作用下，酵母菌大量繁殖，使面团中充满气体而膨胀，内部形成均匀、细密的海绵状组织结构。行业中常常称其为发面、发酵面或酵母膨松面团。

（二）生物膨松面团调制基本原理

生物膨松面团即发酵面团，是面粉中加入适量酵母和水拌揉均匀后，置于适宜的温度条件下发酵，通过酵母的发酵作用，得到的膨胀松软的面团。

面团发酵是一个十分复杂的微生物学和生物化学变化的过程，正是这些变化构成了发酵制品的特色。

❶ 酵母生长繁殖的条件　调制面团时所加入酵母的数量远不足面团发酵所需。面团中酵母数量不足，就不能产生足够的气体，使面团体积膨大疏松。要获得大量的酵母菌，就必须创造有利于酵母繁殖生长的环境条件和营养条件。如足够的水分、适宜的温度、必需的营养物质等。

酵母在发酵过程中增殖、生长的环境是由面粉、水等调制而成的面团。因此面团中的各种成分应该保证酵母生长繁殖所需的各种营养需要。从面团调制开始，酵母就利用面粉中含有的低糖和低氮化合物迅速繁殖，生成大量新的芽孢。酵母在发酵过程中生长繁殖所需的能量，主要依靠糖分解时所产生的热量。如果面团中缺少可供酵母直接利用的糖类，面团发酵便不能正常进行。因此在面团中加入少量糖，有助于面团发酵。含糖的面团较无糖的面团发酵快。

酵母在生长和繁殖过程中都需要氮源，以合成本身细胞所需的蛋白质。其来源一是面团中所含有的有机氮，如氨基酸；二是添加无机氮，如各种铵盐。面团发酵的最适温度为 28 ℃，高于 35 ℃或低于 15 ℃都不利于面团发酵。

酵母在面团发酵中的繁殖增长率，与面团中的含水量有很大的关系。面团加水量多，酵母细胞增殖就快,反之则慢。

❷ **面团发酵过程中淀粉与糖的变化**　面团发酵,实质上是在各种酶的作用下,将各种双糖和多糖转化成单糖,再经酵母的作用转化成二氧化碳和其他发酵物质的过程。酵母在发酵过程中只能利用单糖,可供发酵的单糖有以下来源。

(1)淀粉酶作用于淀粉转化成双糖。

(2)麦芽糖酶作用于麦芽糖转化成单糖。

(3)蔗糖酶作用于蔗糖转化成单糖。

面团调制完成后,即进入了发酵工序。面团的发酵过程主要是在面粉中自然存在的各种酶和酵母分泌的各种酶的作用下,将各种糖类最终转化成二氧化碳使面团膨胀。

酵母在繁殖过程中主要利用单糖,酵母将单糖转化成二氧化碳气体,主要是通过两个途径来完成,一是在有氧条件下进行呼吸作用;二是在缺氧条件下进行酒精发酵。

在面团发酵初期,面团内混入大量空气,氧气十分充足,酵母的生命活动也非常旺盛。这时,酵母进行有氧呼吸,将单糖彻底分解,并放出热量。有氧呼吸过程的总反应式如下:

$$C_6H_{12}O_6 + 6O_2 \xrightarrow{\text{酵母酶}} 6CO_2\uparrow + 6H_2O + Q$$
葡萄糖　　氧气　　　　二氧化碳　　水　　热量

随着发酵的进行,二氧化碳气体不断积累增多,面团中的氧气不断被消耗,直至有氧呼吸被酒精发酵代替。有氧呼吸过程产生的热量是酵母生长繁殖所需热量的主要来源,也是面团发酵温度上升的主要原因。同时,产生的水分也是发酵后面团变软的主要原因。

酵母的酒精发酵是面团发酵的主要形式。酵母在面团缺氧情况下分解单糖产生二氧化碳、酒精和热量。酵母进行酒精发酵的总反应式如下:

$$C_6H_{12}O_6 \xrightarrow{\text{酵母酶}} 2C_2H_5OH + 2CO_2\uparrow + Q$$
葡萄糖　　　　　　酒精　+二氧化碳+热量

面团发酵过程中,越到发酵后期,酒精发酵进行得越旺盛。从理论上讲,有氧呼吸和酒精发酵是有严格区别的。事实上这两个过程往往是同时进行的,只是在不同的发酵阶段所起的作用不同。在面团发酵前期,主要是酵母的有氧呼吸,而在发酵后期主要是酵母的酒精发酵。在酒精发酵期间,产生的二氧化碳使面团体积膨大,产生的酒精和面团中的有机酸作用形成酯类,给制品带来特有的酒香和酯香。

❸ **面团发酵过程中酸度的变化**　面团发酵过程中,酵母发酵的同时,也伴随着其他发酵过程,如乳酸发酵、醋酸发酵、酪酸发酵等,使面团酸度增高。

乳酸发酵是面团发酵中经常产生的过程。面团中酸度来源的60%是乳酸,其次是醋酸。乳酸的积累使面团酸度增高,但它与酒精发酵中产生的酒精发生酯化作用,形成酯类芳香物质,改善了发酵制品风味。醋酸发酵会给制品带来刺激性酸味,酪酸发酵会给制品带来恶臭味。

面团发酵中的产酸菌,主要是嗜温菌,当面团温度在 28～30 ℃时,它们的产酸量不大。如果在高温下发酵,它们的活性增强,会大大增加面团的酸度。

使用纯净酵母(如鲜酵母、干酵母)发酵的面团,其产酸菌来源于酵母、面粉、乳制品、搅拌机或发酵缸中。面团适度的产酸对发酵制品风味的形成具有良好的作用。但酸度过高则会影响制品风味。因此,对工具的清洗和定期消毒,注意原材料的检查和处理,是防止酵母发酵、面团酸度增高的重要措施。

使用餐饮行业自行接种、培养的酵种(又称面肥、老酵面、老面)发酵的面团,因酵种中除了含有大量酵母菌外,还含有许多杂菌,主要是一些产酸菌,伴随酵母发酵的同时,产酸菌进行发酵,产生大量有机酸,使面团带有很大的酸味。因此使用酵种发酵的面团,在面团发酵结束后,需要加碱中和去酸,才能进行成型、成熟。

酵种中存在的产酸菌主要是醋酸菌,其次是乳酸菌、酪酸菌。新鲜的酵种中酪酸菌含量较少,存放越久的酵种酪酸菌含量越多。

❹ 面团发酵中风味物质的形成　面团发酵的目的之一,是通过发酵形成风味物质。在发酵中形成的风味物质大致有以下几种。

(1)酒精:是酵母酒精发酵产生的。

(2)有机酸:是产酸菌发酵产生的。少量的有机酸有助于增加风味,但大量的有机酸就会影响风味。

(3)酯类:是由酒精与有机酸反应生成的,使制品带有酯香。

(4)羰基化合物:包括醛类、酮类等。面粉中的脂肪或面团配料中奶粉、奶油、动物油、植物油等油脂中不饱和脂肪酸被面粉中脂肪酶和空气中的氧气氧化成过氧化物,这些过氧化物又被酵母中的酶分解,生成复杂的醛类、酮类等羰基化合物,使发酵制品带有特殊芳香。

❺ 面团发酵过程中蛋白质的变化　发酵过程中产生的气体积累在面团中形成一定的膨胀压力,面团内部的气压使得面筋延伸,面团体积增大。这种作用犹如缓慢的搅拌作用一样,使面筋不断产生结合和切断,蛋白质分子间不断发生-SH 和-S-S-的转换,使面团的物理性质和组织结构发生变化,形成膨松多孔的海绵状结构。

在发酵中,蛋白质受到蛋白酶的作用后水解,使面团软化,增强其延伸性,最终生成的氨基酸既是酵母的营养物质,又是发生美拉德反应的基质。

面团发酵过程中的成熟度与蛋白质结构的变化紧密相关。当面团发酵成熟时,蛋白质网状结构的弹韧性和延伸之间处于最适当的平衡,面团持气性能达到最大。如果继续发酵,就会破坏这一平衡,面筋蛋白质网状结构断裂,二氧化碳气体逸出,面团发酵过度。

(三)生物膨松面团调制工艺

❶ 生物膨松面团调制工艺流程

配粉→和面→揉面→饧面→压面→面团→成型

❷ 生物膨松面团调制基本配方　发酵面团配粉参见表 4-3-1,干酵母与水的用量根据品种、气温、工艺进行调整。根据品种需要,酵母发酵面团中可适当添加白糖、油脂、奶粉(或炼乳)、泡打粉等(图 4-3-1、图 4-3-2)。

表 4-3-1　生物膨松面团参考配方

面　　团	面粉/克	干酵母/克	水/克
酵母发酵面团	500	4~8	250~300

❸ 生物膨松面团的调制方法　干酵母加少许面粉、水调成糊状,面粉置于案板上,中间刨一坑塘,放入清水、酵母糊拌揉均匀,饧面 15 分钟,再用力揉匀、揉透,或用滚筒反复压面至面团光滑,或用压面机反复压面 15~20 次。此种酵母发酵面团适于餐饮行业制作馒头、花卷类制品。面团可不经发酵工序,但成型后需经过充分醒发,使制品生坯松弛膨胀。

❹ 饧面　饧面对酵母发酵制品是很重要的一个工艺环节,对制品的松泡度和色泽影响很大。

图 4-3-1 寿桃发酵面团

图 4-3-2 寿桃半成品

一方面是因为很多使用酵母发酵法的制品,其面团和好后未经充分发酵;二是成型过程中,面团被反复揉搓或滚压,面团结构趋于紧密,面团中的部分 CO_2 被挤压排出,使生坯的膨松程度大大降低,如果马上直接成熟,会使制品膨松度受到很大影响。将成型后的制品生坯放置在案板上或蒸笼内,静置一段时间,待生坯略微起发后再进行熟制,可保证制品良好的松泡度和色泽。饧面的时间应根据制品的要求、面团中酵母用量、成型前面团发酵时间和环境温度高低决定。

⑤ **生物膨松面团调制技术要领**

(1)水温要适当。

(2)干酵母粉要避免直接与糖、盐接触。

(3)面团要充分揉匀。

(4)发酵时间要适当。

(5)饧面时间适宜。

二、化学膨松面团

（一）化学膨松面团概念及特点

化学膨松面团是把一定数量的化学膨松剂加入面粉中调制成的面团，利用化学膨松剂在面团中受热后发生化学变化产生气体，使面团疏松膨胀。

❶ 化学膨松剂的概念 化学膨松剂又称化学膨胀剂、化学疏松剂。它能通过发生化学反应产生气体使制品体积膨大疏松，内部形成均匀、致密的多孔组织，从而使面点制品具有膨松、柔软或酥脆性质的一类化学物质。

❷ 化学膨松剂的特点 化学膨松剂不受重油、重糖、盐等辅料影响，在面团中受热即可发生化学反应，产生气体，使面团起发，形成致密多孔组织，从而使制品具有膨松、柔软或酥脆的一类物质。通常应用于糕点、饼干、酥点等以小麦粉为主的炸、烤类食品制作过程中，使其体积膨胀、结构疏松。可分为两类，一类是碱性膨松剂，如碳酸氢钠（$NaHCO_3$）和碳酸氢铵（NH_4HCO_3）；另一类是复合膨松剂，如泡打粉、油条精等。

面点制作中经常使用的化学膨松剂主要有小苏打、臭粉和泡打粉三种。

（1）碳酸氢钠（$NaHCO_3$）的理化性质。

碳酸氢钠俗称小苏打、食碱。它呈白色粉末状，味微咸，无臭味；在潮湿或热空气中缓慢分解，释放出二氧化碳，分解温度 60 ℃，加热至 270 ℃时失去全部二氧化碳，产气量约 261 mL/g；pH 值为 8.3，水溶液呈弱碱性。碳酸氢钠遇热后的反应方程式是：

$$NaHCO_3 \rightarrow Na_2CO_3 + CO_2 \uparrow + H_2O$$

（2）碳酸氢铵（NH_4HCO_3）的理化性质。

碳酸氢铵俗称臭粉、臭起子。它呈白色粉状结晶，有氨臭味；对热不稳定，在空气中风化，在 60 ℃以上迅速挥发，分解出氨、二氧化碳和水，产气量约为 700 mL/g；易溶于水，稍有吸湿性，pH 值为 7.8，水溶液呈碱性。碳酸氢铵遇热后的化学反应方程式是：

$$NH_4HCO_3 \rightarrow NH_3 \uparrow + CO_2 \uparrow + H_2O$$

（3）发酵粉的理化性质。

发酵粉也称泡打粉。它是由酸剂、碱剂和填充剂组合成的一种复合膨松剂。发酵粉的酸剂一般为磷酸二氢钙或酒石酸氢钾或柠檬酸，碱剂一般为碳酸氢钠，填充剂一般使用淀粉。

发酵粉的膨松机理是在发酵粉中主要是酸剂和碱剂遇水发生中和反应，产生二氧化碳气体；填充剂的作用在于提高膨松剂的储存效果，防止吸潮结块和失效，同时也有调节气体产生速度或是使起泡均匀等作用。发酵粉呈白色粉末状，无异味，由于添加有甜味剂，略有甜味；在冷水中分解，散放出二氧化碳；水溶液基本呈中性，二氧化碳散失后，略显碱性。

（二）化学膨松面团的基本原理

化学膨松面团虽然在使用膨松剂的种类上、在辅料的下料比例上（油、糖、蛋、面之比）、在产品的成型方法上各有不同，但使面团膨松的基本原理却是一致的。化学膨松剂、面粉、辅料按一定的设计比例混合，通过膨松剂的化学反应特性水解、热分解、酸碱中和等，产生二氧化碳气体。同时，面团中其他原料的化学成分在加热后产生一连串化学变化。这一系列的变化使面团变为成熟的、具有蜂窝状或海绵状结构的成品，且有着比生坯大得多的体积和令人愉快的香味。同时，由于面筋蛋白质的热变性，使柔软的、有可塑性的面团变成一种稳定的形态。

❶ **熟制中水分的变化**　面团加入化学膨松剂后,制品在熟制(烤、蒸、炸)的开始阶段,由于化学膨松剂的化学反应(水解、热分解、酸碱中和),面团生坯在生成气体的同时,也有水生成,所以面团在加热初期,生坯表面不是失水而是增加了水分,直到生坯内化学膨松剂分解完毕,生坯才开始蒸发失水,直至面团完全成熟。

虽然吸湿作用是短暂的,但是生坯表面结构中的淀粉粒在高湿高温的情况下迅速膨胀糊化,使成熟后的生坯表面产生光泽。

❷ **熟制中制品体积的变化**　生坯进入烤炉后,化学膨松剂受热分解,产生大量的二氧化碳,这些气体在生坯的加热初期被生坯内蛋白质形成的湿面筋包裹住产生气压。随着加热温度的进行,气体生成量的增大,在湿面筋所特有的延伸性气体压力下,生坯的体积慢慢增大。随着熟制时间的延续,膨松剂分解完毕,生坯的温度促使蛋白质受热变性凝固,最后完全定型。此过程用化学反应式可表示为:

小苏打　　　$NaHCO_3 \rightarrow Na_2CO_3 + CO_2 \uparrow + H_2O$
臭粉　　　　$NH_4HCO_3 \rightarrow NH_3 + CO_2 \uparrow + H_2O$
泡打粉　　　$KAl(SO_4)_2 + H_2O \rightarrow H_2SO_4 + KOH + Al(OH)_3$
　　　　　　$NaHCO_3 + H_2SO_4 \rightarrow Na_2SO_4 + CO_2 \uparrow + H_2O$

❸ **影响化学膨松面团的调制因素**

(1)准确掌握各种化学膨松剂的用量。小苏打的用量一般为面粉的 $1\% \sim 2\%$,臭粉的用量为面粉的 $0.5\% \sim 1\%$,发酵粉可按其性质和使用要求按 $3\% \sim 5\%$ 掌握用量。

(2)调制面团时,如化学膨松剂需用水溶解,应使用凉水化开,避免使用热水,化学膨松剂过早受热会分解出部分二氧化碳,从而降低膨松效果。

(3)手工调制化学膨松面团,必须采用复叠的工艺手法。

(4)和面时,要将面团和匀、和透,否则,化学膨松剂分布不匀,成品易带有斑点,影响质量。

(三)化学膨松面团调制工艺

化学膨松面团使用的化学膨松剂不同,其工艺方法也不同,日常分为两类,即泡打粉类、矾碱盐类。

❶ **化学膨松面团调制工艺**

(1)泡打粉类面团调制工艺流程:

(面粉+化学膨松剂)+辅料→混合→成团

将定量的面粉与化学膨松剂(泡打粉、臭减、小苏打)拌均匀,一起过筛,入和面盆内,中间开成窝形,将其他辅料(油、糖、蛋、乳、水)搅拌乳化后,倒入窝内,再拨入面粉混合,抄拌均匀,反复叠压调成团。

由于这类面团含油、糖、蛋较多,且具有疏松、酥脆、不分层的特点,因而行业里又称其为"混酥"或"硬酥"。手工调制这类面团时,一般采用叠压式的方法,过度揉搓会使面团上劲、抽筋、泻油,从而影响成品质量。

(2)矾、碱、盐面团调制工艺:

先将矾辗拍成细末,将矾与盐下入盆内,加适量水,使矾、盐完全溶化,再将其余部分的水与碱面溶化后倒入矾、盐溶液内,搅拌均匀后再将面粉倒入盆内,用拌、叠、擞等手法将面调制成面团(比例:明矾 2:食盐 1:食碱 1)。

矾、碱、盐面团主要用于油炸类食品,虽然是我国传统的面团膨松方法,且其具有很强的膨松性和酥脆感,但是有资料表明,人们食用过多的含有明矾的食品,其中所含金属铝可能会导致中枢神经反应迟缓,所以这类面团有被淘汰的趋势。

❷ **化学膨松面团的特性**　适合用于重糖重油的膨松面团,因为化学膨松剂的产气不受糖、油、乳、蛋等原料的限制,适用性广,产气量足,反应条件简单,反应时间快。代表品种主要有桃酥(图4-3-3、图4-3-4)、开口笑、各式曲奇饼干和油条、马拉糕等。

图 4-3-3　桃酥化学膨松面团

图 4-3-4　化学膨松面团成品桃酥

❸ **化学膨松面团调制技术要领**

(1)化学膨松剂不可与辅料混合。

(2)定量的面粉与化学膨松剂充分混合均匀。

(3)各种辅料需要混合乳化后使用。

(4)面团调制手法不可揉搓,宜采用叠压法。

(5)面团要现和现用,不可过早,以防出油起劲。

三、物理膨松面团

(一)物理膨松面团的概念

物理膨松面团是指利用鸡蛋的起泡性和油脂的打发性及经高速搅打能打进气体和保持气体的性能,将其与面粉等原料混合调制成的糊状面团,经加热熟制,面团所含气体受热膨胀,使制品膨大松软。

物理膨松面团依调搅介质不同,分为蛋泡面糊和油蛋面糊两类。蛋泡面糊面团以鲜蛋为调搅介质,经高速搅打后加入面粉等原料调制而成,其代表品种为各种海绵蛋糕;油蛋面糊面团以油脂为调搅介质,通过高速搅拌,然后加入面粉等原料调制而成,其代表品种为各式油脂蛋糕。

（二）物理膨松面团的膨松原理

物理膨松面团为蛋泡面糊类,其蛋糕组织疏松多孔,柔软而富有弹性,是由蛋液搅打所产生的发泡作用形成的。蛋液发泡是因为蛋白具有良好的起泡性,蛋液经强烈搅打,混入大量空气,空气泡被蛋白质胶体薄膜所包围形成泡沫。随着搅打继续进行,混入的空气量不断增加,蛋泡的体积逐渐增加。刚开始气泡较大而通明,并呈流动状态,空气泡受高速搅打后不断分散,形成越来越多的小气泡,蛋液变成乳白色细密泡沫,硬度增加并呈不流动状态。气泡越多越细密,制作的蛋糕体积越大,组织越细致,结构越疏松柔软。

蛋浆打发过程中,随着气泡逐渐增加,浆料的体积和稠度也逐渐增加,直到增加到最大体积。如果继续搅打,由于气泡的破裂,浆料体积反而会下降。为了安全起见,搅打的最佳程度应控制在接近最大体积时,便停止搅拌。因此蛋泡面糊调制中,对浆料打发程度的判断是至关重要的,否则会导致浆料打发不足或打发过度,从而影响到成品的外观、体积与质地。

（三）影响蛋泡面糊形成的因素

❶ **黏度** 黏度对蛋泡稳定影响很大,黏度大的物质有助于泡沫的形成与稳定。因为蛋白具有一定的黏度,所以打起的泡沫比较稳定。打蛋过程中形成的蛋白泡沫是否稳定,影响着蛋泡充入的空气量及最终蛋糕制品的膨松度。蛋白虽然具有一定黏度,对稳定气泡起着重要作用,但仅依靠蛋白黏度来稳定气泡是不够的。由于糖本身具有很高的黏度,因此在打蛋过程中加入大量蔗糖,目的是提高蛋液的黏稠度,提高蛋白气泡的稳定性,便于充入更多的气体。在配方中加入不同量的糖,其作用也不同。蛋和糖之间的比例是否恰当,对打蛋效果及最终产品质量有着直接影响。蛋糖比例1:1时效果最好,蛋泡稳定,蛋糕体积大。当糖的比例小于蛋时,打蛋时间增长,蛋泡稳定性降低,蛋糕体积减小,口感坚韧。当糖的比例大于蛋时,蛋液黏稠度过大,形成的气泡很重,不能吸入充足的空气,蛋糕组织不均匀,不紧密。

❷ **蛋的质量** 新鲜蛋和陈旧蛋的起泡性有明显不同。新鲜蛋白具有良好的起泡性,而陈旧蛋的起泡性差,气泡不稳定。这是因为蛋随储存时间的延长,浓厚蛋白减少,稀薄蛋白增多,蛋白的表面张力下降,黏度降低,影响了起泡性。

❸ **pH 值** pH 值对蛋白泡沫的形成和稳定影响很大,pH 值不适当时,蛋白不起泡或气泡不稳定。在等电点时,蛋白质的渗透压、黏度、起泡性最差。在实际打蛋过程中,往往加一些酸（如柠檬酸、醋酸等）酸性物质（如塔塔粉）和碱性物质（如小苏打）,就是要调节蛋液的 pH 值,使其偏离等电点,有利于蛋白起泡。蛋白在 pH 值为 6.5～9.5 时形成泡沫的能力很强但不稳定,在偏酸情况下气泡较稳定。当蛋液 pH 值低于 7 时（即偏酸性）,形成的蛋泡颜色浅;随着 pH 值逐渐升高（偏碱性）时,颜色开始加深。pH 值较高的蛋制出的蛋糕具有较大体积。但从组织、风味、口感、体积等全面地看,pH 等于 7 时的蛋制作的蛋糕质量最好。

❹ **温度** 各原料的温度对蛋泡的形成和稳定性影响很大。蛋、糖温度较低时,蛋液黏稠度大,蛋液不易打发,打发所需时间长;蛋、糖温度较高时,蛋液黏稠度较低,蛋泡保持空气的能力差,即蛋泡稳定性差,蛋液容易打泻。新鲜蛋白在 30 ℃时起泡性能最好.黏度亦最稳定。

❺ **油脂** 油脂是一种消泡剂。因为油脂具有较大的表面张力,而蛋液气泡膜很薄,当油脂接触到蛋液气泡时,油脂的表面张力大于蛋泡膜本身的延伸力而将蛋泡膜拉断,气体从断口处很快冲出,气泡立即消失。所以打蛋时用具一定要清洗干净,不要沾有油污。打蛋白时.要将蛋黄去尽,否则蛋黄中含有的油脂会影响蛋白起泡。油脂又是最具柔性的材料,加在蛋糕中可以增加蛋糕的柔软度,提高蛋糕的品质,使其更加柔软可口。因此为了解决这种矛盾,通常在拌粉后或面糊打发后加入油

脂,尽量减少油脂对蛋泡的消泡性,又起到降低蛋糕韧性的目的。油脂的添加量不宜超过面糊的20%,以流质油为好,若是固体奶油,则应在融化后加入。

❻ **蛋糕乳化剂——蛋糕油** 蛋糕油的主要成分是脂肪酸单甘酯,搅打蛋液时加入蛋糕油,乳化剂可吸附在蛋液界面上,使界面张力降低,液体和气体的接触面积增大,蛋泡膜的机械强度增加,有利于蛋液的发泡和泡沫的稳定。同时还能使蛋泡膨松面团中的气泡分布均匀,使蛋糕制品的组织结构和质地更加细腻、均匀。使用乳化剂以后.蛋泡膨松面团的搅打时间大大缩短,从而简化了生产工艺。

❼ **打蛋方式、速度和时间** 无论人工或机器搅打,都要自始至终顺一个方向搅打。搅打蛋液时,开始阶段应采用快速,在最后阶段应改用中慢速,这样可以使蛋液中保持较多的空气,而且分布均匀,打蛋速度和时间还应视蛋的品质和气温变化而异。蛋液黏度低,气温较高,搅打速度应快,时间要短;反之,搅打速度应慢,时间要长。搅打时间太短,蛋液中充气不足,空气分布不匀,起泡性差,做出的蛋糕体积小;搅打时间太长,蛋白质胶体黏稠度降低,蛋白膜易破裂,气泡不稳定,易造成打起的蛋泡发泻;若使用乳化法搅拌工艺,搅拌时间过长,易使面团充气过多,面团比重过小,烘烤的蛋糕容易收缩塌陷。因此要严格掌握好打蛋时间。

❽ **面粉的质量** 制作蛋糕的面粉应选用以筋力弱的软麦制成的蛋糕专用粉或低筋面粉,面粉筋力过高,易造成面团生筋,影响蛋糕膨松度,使蛋糕变得僵硬,粗糙,体积小。

（四）物理膨松面团的调制工艺

物理膨松面团的调制方法根据用料及搅拌方式的不同可分为传统糖蛋搅拌法、分蛋搅拌法和乳化搅拌法三种。

❶ **传统糖蛋搅拌法** 糖蛋搅拌法是海绵蛋糕制作中最传统的面糊调制方式,首先将蛋液与白砂糖一起搅打起发后加入面粉等原料调制成面糊,然后装盘或装模进行熟制。制品体积膨大,蛋香浓郁,内部气孔组织略显粗糙。

（1）工艺流程：

$$
\left.\begin{array}{l}鸡蛋\\白糖\end{array}\right\} \rightarrow 打蛋泡 \rightarrow \overset{面粉、水}{\underset{\downarrow}{调糊}} \rightarrow 蛋泡面糊
$$

（2）调制方法：将鸡蛋打入容器内,加入白糖,用打蛋机或打蛋器顺一个方向搅打,蛋液逐渐由深黄变成棕黄、淡黄、乳黄,体积胀发三倍,成干厚浓稠的泡沫状,加入面粉、水,拌匀即可。

（3）调制技术要领：

①打蛋要顺一个方向搅拌。无论人工或打蛋机搅打蛋液,都要自始至终顺着一个方向搅拌。这样可以使空气连续而均匀地吸入蛋液中,蛋白迅速起泡。如果一会儿顺时针搅打,一会逆时针搅打,就会破坏已形成的蛋白气泡,使空气逸出,气泡消失。

②面粉需过筛,拌粉要轻。面粉过筛,不仅可使面粉松散,还可使结块的粉粒松散,便于面粉与蛋泡混合均匀,避免蛋泡膨松面团中夹杂粉粒,使成熟后的蛋糕内存有生粉。拌粉动作要轻,不能用力搅拌,避免面粉生筋,使蛋糕僵死不松软。

③原料配比要适当。配方中如果减少蛋量,则应增添泡打粉,以补充蛋泡膨松面团的膨胀性。发粉应与面粉一起拌入。当配方中蛋量减少时,水分含量随之减少,蛋泡膨松面团会过于浓稠,可适当添加牛奶或清水调节蛋泡膨松面团稠度。

❷ **分蛋搅拌法** 分蛋搅拌法是一种改良的传统工艺,将蛋白和蛋黄分开,每一部分都加一定量

50

的糖,分别搅打,再混合在一起,然后加入筛过的面粉。这种方法特别适合于松软的海绵蛋糕制作。

(1)工艺流程:

(2)调制方法:蛋黄加糖、盐先快速搅打成糊状,然后继续以慢速搅打,直至蛋黄打好。蛋白加糖、塔塔粉快速搅打至湿性发泡阶段,成蛋白泡沫糊状,取三分之一拌入蛋黄糊中搅至光洁,再小心拌入剩余三分之二蛋白泡沫糊。面粉过筛,缓慢加入蛋白糊中拌匀。

(3)调制技术要领:

①分蛋时注意蛋白中不要混有蛋黄,因为蛋黄中油脂含量较高,会影响蛋白起泡。

②蛋白搅打程度适中,搅打过度,蛋白充气过度易造成蛋糕出炉后收缩塌陷,搅打不足则制成的蛋糕体积小。

③蛋白泡沫糊与蛋黄糊混合不宜久拌。

❸ **乳化搅拌法** 随着蛋糕乳化剂(俗称蛋糕油)的出现,蛋泡膨松面团的调制工艺有了较大改变。乳化搅拌法也称一步法,由于配方中添加了蛋糕乳化剂,所有原料基本是在同一阶段被搅拌混合在一起。以乳化法制作的海绵蛋糕亦被称为乳化海绵蛋糕。

使用乳化法搅拌,蛋液容易打发,缩短了打蛋时间,可以适当减少蛋和糖的用量,面团中可以补充较多的水分和油脂,蛋糕更加柔软,冷却后不易发干。蛋糕内部组织细腻,气孔细小均匀,弹性好。但是乳化剂用量过多会降低蛋糕的风味,乳化法搅拌特别适合大量生产,制作各种清蛋糕、卷筒蛋糕等。

(1)工艺流程:

(2)调制方法:

将糖、蛋、盐放入搅拌缸内,用慢速搅至糖溶化,然后加入蛋糕乳化剂搅拌均匀。面粉与泡打粉过筛加入搅拌缸中,先用慢速搅拌混匀,转入高速搅打起发,中途缓慢加水,搅打至接近最大体积,转入慢速,加入色拉油或融化的奶油,搅匀即可。

加入水搅匀,再转回慢速搅拌1~2分钟使蛋泡膨松面团内气泡均匀细腻,然后加入流质油拌匀即可。

（3）调制技术要领：

①加入面粉时，要用慢速，避免粉尘飞扬。

②高速搅拌时间要适当，时间短，充气量不足，蛋糕体积小；时间过长，充气过多，蛋泡膨松面团比重小，蛋糕出炉后易收缩塌陷。

③加入油脂后不能久拌，以减少油脂的消泡作用。

单元四 层酥面团工艺

层酥面团是由两块不同性质特点的面团组合而成，一块是称作"酥皮"的筋性面团，如水油面、发酵面、蛋水面；另一块是称作"酥心"的油酥面团，即干油酥。按用料及调制方法的不同，层酥面团可分为水油皮、发酵面皮、擘酥面皮三类。由层酥面团制作的面点具有松酥、香脆、层次分明、外形饱满等特色。

一、水油皮层酥面团

（一）水油皮层酥面团概念

水油酥皮是最常用的层酥面团，其制品的酥层表现有明酥、暗酥、半暗酥等，品种花式繁多，层次分明、清晰，成熟方法以油炸为主，常用于精细面点制作。

（二）水油皮层酥面团起酥分层的原理

水油皮层酥面团中的酥心大都由油脂和面粉构成，面团没有筋性，但可塑性很好。油脂是一种胶体物质，具有一定的黏性和表面张力，当油脂与面粉混合调制时，油脂便将面粉颗粒包围起来，黏结在一起。但因油脂的表面张力强，不易流散，油脂与面粉不易混合均匀，经过反复地"擦"，扩大了油脂与面粉颗粒的接触面，油脂便均匀分布在面粉颗粒的周围，并通过其黏性，将面粉颗粒之间彼此黏结在一起，从而形成面团。这也是干油酥面团为什么要采用"擦"方式调制的原因。在干油酥面团中面粉颗粒和油脂并没有结合在一起，只是油脂包围着面粉颗粒，并依靠油脂黏性黏结起来。它不像水调面团中的冷水面团那样（蛋白质吸水形成面筋），也不像热水面团那样（淀粉糊化吸水膨润产生黏性）。因此干油酥面团比较松散，可塑性强，没有筋性，不能单独使用制作成品。干油酥面团中面粉颗粒被油脂包围、隔开，面粉颗粒之间的间距扩大，空隙中充满空气。经加热，气体受热膨胀，使制品酥松。此外，面粉中的淀粉未吸水胀润，也促使制品变脆。

水油皮层酥面团中的酥皮是由面粉、水、油脂、蛋液等原料调制而成的具有一定的筋力和延伸性的面团。调制水油面时先将配料中的水和油脂混合乳化，再与面粉混合调制成团。面粉中的蛋白质与水相遇结合形成面筋，使面团具有了一定的弹性和韧性，而油脂以油膜的形式作为隔离介质分散在面筋之间，限制了面筋的形成，但能使面团表面光滑、柔韧。即使在和面、调面过程中形成了一些面筋碎块，也由于油脂的隔离作用不能彼此黏结在一起形成大块面筋，最终使得面团弹性降低，而可塑性和延伸性增强。

制品之所以能起层，关键在于水油面和干油酥面性质的不同。水油面具有一定的筋性和延伸性，可以进行擀制、成型和包捏；干油酥面性质松散，没有筋性，但作为酥心包在水油面中，也可以被擀制、成型和包捏。当水油面包住干油酥面经过擀、叠、卷后，使得两块面坯均匀地互相间隔叠排在一起，形成有一定间隔层次的坯料。当坯料在加热时（特别是油炸），由于油脂的隔离作用，干油酥面中的面粉颗粒随油脂温度的上升，黏性下降便会从坯料中散落出来，使得干油酥面层的空隙增大。而此时水油面受热后，由于水和蛋白质形成的面筋网络组织受热变性凝固，并同淀粉受热糊化失水后结合在一起，变硬形成片状组织，这样在坯料的横截面便出现层次，同时也形成了酥松、香脆的口感。

（三）水油皮层酥面团调制工艺

❶ 基本配方

（1）水油皮：面粉 300 克，油脂 70 克，凉水 165 克。

（2）干油酥：面粉 200 克，油脂 100 克。

❷ 调制方法

（1）水油皮调制：将一定比例的面粉、油脂入盆中，逐次加水和制成软的面团，稍饧后，用力揉搓待面筋形成，面团光洁后饧面备用。

（2）干油酥调制：将干油酥面原料按比例放案板上混合后，用手掌根用力搓擦成团备用。

❸ 技术要领

（1）水油面调制时用水的比例要适当，不可过软或过硬。

（2）水油面与油酥面的软硬要一致。

（3）水油皮面需揉光揉匀。

（4）干油酥面团要搓透。

（四）影响水油皮层酥面团品质的因素

❶ 水油面团的影响

（1）水、油要充分搅匀：水、油混合越充分，乳化效果越好，油脂在面团中分布均匀，这样的面团才细腻、光滑、柔韧，具有较好的筋性和良好的延伸性、可塑性。若水、油分别加入面粉中和面，会影响面粉与水和油的结合，造成面团筋性不一，酥性不匀。

（2）掌握粉、水、油三者的比例：粉、水、油三者的比例合适，可使面团既有较好的延伸性，又有一定的酥性。如果水量多油量少，成品就太硬实，"酥"性不够；相反，如果油量多水量少，则面团因"酥"性太大而操作困难。而粉、水、油三者的比例除了与品种特点要求有关外，与原材料的性质也有极大关系。当面粉筋度较高时，配料中的油脂用量则需要增加，水量需要适当减少，才能使调制出的面团有适宜的筋度和软硬度；相反，当面粉筋度较低时，则应减少油脂用量，略增加水量。水油面中粉、水、油的经验配比为 100∶55∶25。

（3）水温、油温要适当：水、油温度的控制应根据成品要求而定，一般来说，成品要求"酥"性大的面团，水温可高些，如苏式月饼的水油酥面团可用开水调制，而要求成品起层效果好的则面团的水温可低些，可控制在 30～40 摄氏度。水温过高，由于淀粉的糊化，面筋质降低，使面团黏性增加，操作就困难，相反，水温过低会影响面筋的胀润度，使面团筋性过强，延伸性降低，造成起层困难。

（4）辅料的影响：一般水油面配方中仅有面粉、油、水。但根据品种需要可以添加鸡蛋、白糖、饴糖等。鸡蛋中含有磷脂，可以促进水、油乳化，使调制出的面团光洁、细腻、柔韧。饴糖中含有糊精，糊精具有黏稠性，可起到促进水油乳化的作用，同时饴糖能改善制品的皮色。

（5）水油面团要充分揉匀，备用面团要盖上潮布（或保鲜膜）：水油面成团时要充分揉匀、揉透，并要盖上潮布（或保鲜膜）静置饧面，保证面团有较好的延伸性，便于包酥、起层。

❷ 干油酥面团的影响

（1）要选用合适的油脂：不同的油脂调制成的干油酥面性质不同，一般以动物油脂为好。因动物油脂的融点高，常温下为固态，凝结性好，润滑面积较大，结合空气的性能强，起酥性好。植物油脂在面团中多呈球状，润滑面积较小，结合空气量较少，故起酥性稍差。同时还要注意油温的控制，一般为冷油。

（2）控制粉、油的比例：干油酥面团的用油量较高，一般占面粉的 50% 左右，油量的多少直接影响制品的质量。用量过多，成品酥层易碎；用量过少，成品不酥松。粉、油比例与油脂种类、气温高低有关。油脂凝固点越高、硬度（稠度）越大，在干油酥面团中的用量也就越高，这样才能保证有适宜的软硬度;相反则应减少用量。当气温偏高,油脂软化时,面团中油脂的用量应减少。

(3)面团要擦匀:因干油酥面团没有筋性,加之油脂的黏性较差,故为增加面团的润滑性和黏结性,能充分成团,只能采用"擦"的调面方法。

(4)干油酥面团的软硬度应与水油酥面团一致,否则,面团一硬一软,会使面团层次厚薄不匀,甚至破酥。

❸ 开酥的影响

(1)水油面和干油酥面的比例要适当:酥皮和酥心的比例是否适当,直接影响成品的外形和口感。若干油面过多,擀制就困难,而且易破酥、露馅,成熟时易碎;水油面过多,易造成酥层不清,成品不酥松,达不到成品的质量要求。一般油炸型酥点水油面和油酥面的比例为 6∶4(7∶3);烘烤型酥点为 5∶5。具体品种不同,水油面和油酥面的比例不同,如菊花酥(图 4-4-1)、荷花酥(图 4-4-2、图 4-4-3)等花瓣较细的酥点,要保持良好的形态,包酥比例多为 7∶3;鲜花饼、萝卜饼等多用 6∶4。

图 4-4-1　菊花酥成品

图 4-4-2　荷花酥半成品

图 4-4-3　荷花酥成品

（2）水油面和干油酥面要软硬一致：如干油酥面过硬，起层时易破酥；如干油酥面过软，则擀制时干油酥面会向面团边缘堆积，造成酥层不匀，影响制品起层效果。

（3）经包酥后，作为酥心的干油酥面团应居中，作为酥皮的水油面团的四周应厚薄一致。

（4）擀制时用力要均匀，使酥皮厚薄一致：擀面时用力要轻而稳，不可用力太重，擀制不宜太薄，避免产生破酥、乱酥、并酥的现象。

（5）擀制时要尽量少用干粉：干粉用得过多，一方面会加速面团变硬，另一方面由于黏在面团表面，会影响成品层次的清晰度，使酥层变得粗糙，还会造成制品在熟制（油炸）过程中出现散架、破碎的现象。

（6）所擀制的薄坯厚薄要适当、均匀，卷、叠要紧。否则酥层之间黏结不牢，易造成酥皮分离，脱壳。

二、发酵面皮层酥面团

（一）发酵面皮层酥面团的概念

发酵面皮层酥面团，是北方地区制作油酥类制品最常使用的一种层酥面团。它由两部分组成，一部分是用不同温度的植物油掺入面粉调制的稀软油酥，另一部分是由面粉、少量油脂、面肥（或酵母）、水、白糖等调制的较软的发酵面团，经过制酥、发面、饧面、擀、抹、叠、卷等工艺手段制成层酥面团制品（图 4-4-4）。

图 4-4-4 酥皮糖火食成品

（二）发酵面皮层酥面团的调制工艺

❶ 基本配方

（1）发酵面：面粉 500 克，油脂 20 克，白糖 15 克，酵母 4～8 克，泡打粉 3～5 克，水 320 克。

（2）油酥面：面粉 100 克，油脂 75 克，调味料 3～6 克。

❷ 发酵面团的调制方法

（1）发酵面皮调制方法：将一定量的面粉拌入泡打粉过筛于盆中，加植物油搓匀后再加入白糖、酵母、水，拌起和制成较软面团，饧置待用。

（2）油酥面调制方法：将定量的面粉入盆中，冲入加热至七成热的油脂，搅拌均匀即可。

❸ 技术要领

（1）用于发酵面层酥皮的发酵面团除了普通一次性调制的发酵面团，为了提高制品的酥松程度，可采用烫酵面的调制方法，以降低面团筋度。

（2）采用烫酵面的发酵面团一般使用热水面与发酵面按比例掺和揉制而成。

（3）以热水面占比 60％以上的发酵面团制作的酵面层酥制品韧性较强，酥层薄，口感酥脆，常用于包馅制品。

（三）发酵面团的影响因素

❶ 发酵面发酵程度 发酵面的发酵程度,对面团的蓬松度及其弹性、韧性影响较大。面团发酵过度易造成面团松软无劲,易混酥,制品分层效果差;面团发酵程度低,保持较好的筋力和弹性,故制品分层效果比较好,但也易使制品酥松程度不足,口感硬脆。

❷ 水温、水量适宜 对于酵面而言,适宜的水温有助于面团发酵,面团温度高则发酵快,温度低则发酵慢。对烫酵面而言,热水面调制水温过高,面团筋力差,调和而成的酵面难以胀发,成品质感柔软度差、蓬松度小,失去酵面作用。另外,酵面皮不可调得太硬,尤其在冬季气温较低,面团发酵不足筋性过大,不利于开酥,成品干硬。稍软一点的酵面皮,既有利于面团发酵,也具有良好的延伸性,使制成品松软酥香。

❸ 碱量适度 对于面肥发酵面团,若碱少,面团发酸筋力差,层次不好,疏松度不够;碱多,则发黄,碱味重。因此,用碱量的多少,除了受发酵程度、气候变化的影响因素外,还要受到水温、成熟方法、成品要求等因素的影响。对于炸、烤、烙等制品通常用足碱量为好。

❹ 油酥面团的影响 酵面皮层酥面团中的油酥面团一般选用面粉加入热植物油调制,且根据品种需要,油酥中可加入其他辅料,如糖、盐、花椒粉、五香粉、葱末等调味料。植物油酥的调制方法主要有以下三种。

（1）烫酥法:将植物油加热至七八成热后,冲入面粉中调制成较稀软的油酥,用抹酥的方法进行开酥,制成品酥性较好,但酥层质量稍差。

（2）烤酥法:将油脂与面粉拌匀后放入烤炉内烤制成熟,特点是成品的酥性很大。

（3）搅和法:直接将植物油倒入面粉中搅拌均匀即可。特点是操作简便,成品的柔韧性较好,但起层效果和口感稍差。

三、擘酥面皮层酥面团

（一）擘酥面皮层酥面团的概念及组成

擘酥又称为岭南酥、千层酥、多层酥,是广式面点借鉴西点中清酥面的制法而制成。擘酥面团是最常使用的一种层酥面团,它由两块面团组成,一块是用凝结的黄油或猪油掺面粉调制的油酥面团,另一块是由面粉、水、鸡蛋等调制的蛋水面,经过擀、叠等工艺手段制成的擘酥面团。

（二）擘酥面皮层酥面团的特点

由于擘酥皮用油量较大,受热后起发膨松的程度比其他层酥皮大,各层的间隔纹理比其他层酥分明,又由于蛋水面有良好的筋力和蛋液赋予面团的韧性,所以擘酥面团不仅有较强的韧性和延伸性,还有松化酥脆的口感、丰富而分明的纹理层次。因此擘酥面团也有千层酥之称。其品松香、酥化,可配上各种馅心或其他半成品,如广式点心鲜虾擘酥夹、冰花蝴蝶酥、莲子茸酥盒、榴莲酥（图4-4-5）等。

（三）擘酥面皮层酥面团调制工艺

❶ 擘酥面皮层酥面团调制参考配方

（1）油酥面:黄油（或猪油）500克,面粉150（200）克。

（2）蛋水面:面粉350克,鸡蛋60克,水150克（根据品种不同还可以在配方中添加白糖、食盐等）。

❷ 擘酥面皮层酥面团的调制方法

（1）油酥面调制:油脂从冰箱取出按照配比与面粉混合搓匀,擀压成蛋水面一倍大的长方形厚片,放入不锈钢托盘,进冰箱冷冻4～6小时,冰至油脂发硬,成为硬中带软的结实板块体,即成黄油酥。

榴莲酥制作

图 4-4-5　榴莲酥成品

（2）蛋水面调制：将面粉按料单称量好入盆中，将鸡蛋打散按照配比与白糖、水混合，反复揉搓至面团光滑上劲，稍饧后将面坯擀成长方形厚片，放入不锈钢托盘，和黄油酥一起，置入冰箱冷冻。

（四）擘酥面团调制技术要领

（1）和面时须用凝结的、有黏性的黄油或猪油（或其他起酥油）。油酥面要推擦起黏性。

（2）蛋水面在和制时要有一定的筋性和韧性，否则成熟后制品易松散、脱落。

（3）蛋水面、黄油酥放入冰箱冷冻前应先整理成规则的长方形，以便包酥、开酥操作。

单元五　其他面团工艺

一、米制品制作

米粉面团根据调制方式的不同，可以大体分为三种：糕类粉团、团类粉团、发酵粉团。其中糕类粉团是指以糯米粉、粳米粉、籼米粉加水或糖（糖浆、糖汁）拌和而成的粉团。糕类粉团一般可分为松质糕粉团和黏质糕粉团。

（一）松质糕粉团

❶ 松质糕粉团的概念与特点　松质糕粉团是由糯米粉、粳米粉按比例掺合成混合米粉，加水或糖（糖浆、糖汁）拌和成松散的湿粉粒状面团。如百果松糕、定胜糕、桂花糖糕等均属于松质糕粉团制品。松质糕的制作工艺通常是先成型后成熟，成品一般多孔、松软、无弹性、无韧性、可塑性差、口感松散，大多为甜味或甜馅品种。

❷ 掺粉的作用与方法　掺粉又叫镶粉，是将不同品种、不同等级的米粉掺和或将米粉与其他粮食粉料（如面米、杂粮粉）掺和，使制品软糯适中，互补不足的一种方法。不同品种、不同等级的米粉，其软、硬、粳、糯程度差异很大，为使制品软糯适度，改善粉团的操作工艺性能，增进其风味，提高其营养价值，常使用各种掺粉工艺。

（1）掺粉的作用。

①改善粉料性能，提高成品质量。通过粉料掺和使粉质软硬适中，改善粉团工艺性能，便于成型包捏，熟制后保证成品形态美观，不走样，不软塌，口感滑爽，软糯适度。

②扩大粉料用途，增进制品风味特色，丰富花色品种。通过粉料的掺和使用，可扩大各种粉料的使用范围，米粉与米粉掺和或米粉与其他粮食粉料掺和，还可改善制品的口感，增加制品的风味特色，丰富花色品种。

③提高制品营养价值。多种粮食混合使用，可使其中不同品质的蛋白质起到互补的作用，如豆

类蛋白质含量很高,氨基酸组成和动物蛋白质相似,且赖氨酸含量丰富,因此,将豆类与谷类混合食用,可大大提高谷类的营养价值。

(2)掺粉的形式。

①米粉与米粉的掺和:主要是糯米粉和粳米粉掺和,这种混合粉料用途最广,适合制作各种松质糕、黏质糕、汤团等。成品软糯、韧滑爽口。掺和比例要随米的质量及制作的品种而定。一般为糯米粉60%～90%掺入粳米粉10%～40%。

②米粉和面粉的掺和:米粉中加入面粉能使面团中含有面筋质。如果糯米粉中掺入适当的面粉,其性质糯滑而有劲,成品挺括不易走样。如果糯、粳镶粉中加入面粉成为三合粉料,其制成品软、糯,不走样,能捏做各种形态成品。

③米粉和杂粮的掺和:将米粉和玉米粉、小米粉、高粱粉、豆类粉、薯泥、南瓜泥等掺和使用,可制成各种特色面点。

(3)掺粉的方法。

①用米的掺和法:在磨粉前,将几种米按成品要求以适当比例掺和制成粉,即成掺和粉料。湿磨粉和水磨粉一般都用这种方法掺和。

②用粉的掺和法:在调制粉团前,将所需粉料按比例混合在一起。

❸ **松质糕粉团调制工艺**　松质糕粉团根据口味分为白糕粉团(用清水拌和,不加任何调味料调制而成的粉团)和糖糕粉团(用水、糖或糖浆拌和而成的粉团);根据颜色分为本色糕粉团和有色糕粉团(如加入红曲粉调制而成的红色糕粉团)。

(1)工艺流程。

(2)调制方法。将清水与米粉按一定的比例拌和成不黏结成块的松散粉粒状,即成白糕粉团,再倒入或筛入各种模型中蒸制而成。

(3)调制工艺要点。

①拌粉:拌粉就是指将水与米粉拌和,使米粉颗粒能均匀地吸收水的过程。拌粉是制作松质糕的关键,粉拌得太干,则无黏性,蒸制时易被蒸汽所冲散,影响米糕的成型且不易成熟;粉拌得太软,则黏糯无空隙,蒸制时蒸汽不易上冒,出现中间夹生的现象,成品不松散柔软。因此,在拌粉时应掌握好掺水量。

②掺水:掺水量要根据米粉中的含水量来确定,干粉掺水量不能超过40%,湿磨粉不超过25%～30%,水磨粉一般不需掺水或少许掺水。同时,掺水量还要根据粉料品种调整,若粉料中糯米粉多,掺水量要少一些;粉料中粳米粉多,掺水量要多一些。还要根据各种因素,灵活掌握,如加糖拌和水要少一些;粉质粗,掺水量应多一些;粉质细,掺水量则少一些等。总之,以拌成粉粒松散而不黏结成块为准。常用的鉴别方法是用手轻轻抓起一团粉松开不散,轻轻抖动能够散开说明加水量适中,如果抖不开说明加水量过多,抓起的粉团松开手后散开说明水量太少。掺水炒拌要均匀,要分多次掺入,随掺随拌,使米粉均匀吸水。

③静置:拌和后还要静置一段时间,目的是让米粉充分吸水。静置时间的长短,随粉质、季节和制品的不同而不同,一般湿磨粉、水磨粉静置时间短,干磨粉静置时间长;夏天静置时间短,冬天静置时间长。

④夹粉:静置后其中有部分粘连在一起,若不经揉搓疏松,蒸制时不易成熟且疏松不一致,所以

在米糕制作时,糕粉静置后要进一步搓散,过筛(所用的粉筛的目数一般小于30目)。这个过程称之为夹粉。

这种经拌粉、静置、夹粉等工序制作而成的米粉叫"糕粉"。

❹ **糖糕粉团的调制**　糖糕粉团的调制方法和要点均与白糕粉团相同,但为了防止砂糖颗粒在糕粉中分布不均匀,一般应先将砂糖溶解在水中后加入或在米粉中加入糖粉。糖浆的投料标准一般是500克糖加入250克水,具体的比例要根据消费者的口味而定。红糖、青糖用纱布滤去杂质。

(二)黏质糕粉团

❶ **黏质糕粉团的概念与特点**　黏质糕粉团是指用米粉与水调制而成团状或厚糊状,一般先蒸制成熟后手工擦揉或用搅拌机搅打成滋润光滑的粉团。这样制成的黏质糕粉团可直接成型,经分块、搓条、下剂、制皮、包馅、成型(或油炸)做成各种黏质糕或叠卷夹馅,切成各式各样的块,如年糕、蜜糕、拉糕、炸糕、豆面卷等。也有的黏质糕是先成型后成熟的,如枣泥拉糕,拌粉成稠厚状后先装模成型再上笼蒸制成熟。黏质糕一般具有韧性大、黏足、入口软糯等特点。

❷ **黏质糕粉团调制工艺**

(1)工艺流程。

镶粉→掺水拌粉→静置→蒸制→揉团→黏质糕粉团

(2)调制方法。

黏质糕与松质糕一样也要经过拌粉、掺水、静置等制坯过程,生坯(团状或糊状)上笼蒸熟,再用搅拌机搅至表面光滑不黏手(如量少,则可趁热用手包上干净的湿布反复揉搓到表面光洁不黏手为止)。

(3)调制工艺要点。

①搅面要搅至不黏手:热的黏质糕粉坯由于淀粉的糊化,较为黏稠,使成型工艺难以进行。所以必须将黏稠的粉坯蘸凉水搅拌(或揉搓)至完全滋润光滑。

②搅面要趁热进行:粉坯中的淀粉遇热糊化,再遇冷会老化。淀粉老化的分子链断裂,使粉坯不能成团,无法继续成型工艺。所以黏质糕粉坯要趁热搅拌(揉搓)至表面光滑。

③保证食品卫生安全:黏质糕先成熟后成型的品种因成型后直接食用,因此成型工艺中的卫生保障必须重视。

二、薯类面团

薯类面团是将含有丰富的淀粉和大量水分的薯类原料洗净,放入锅中蒸熟或煮熟,然后去皮、筋,压制成泥或蓉,再加入适量的熟面粉或糯米粉、淀粉等配料揉匀而成的一类面团,如土豆饼、红薯饼、山药糕、火腿洋芋饼等面团。

(一)薯类面团的种类

薯类面团种类较多,面点中使用较多的为马铃薯、山药、芋头、甘薯、紫薯等与粉配制而成。

(二)薯类面团的调制

❶ **马铃薯面团**　马铃薯性质软糯、细腻,去皮煮熟捣成泥后,可单独制成煎炸类点心,也可与米粉、熟澄粉掺和,制成薯蓉饼、薯蓉卷、薯蓉蛋及各种象形点心。

❷ **甘薯面团**　甘薯含有大量的淀粉,质地软糯,味道香甜。一般红瓤和黄瓤品种含水分较多,白瓤较干爽,味甘甜。甘薯蒸熟后去皮,与澄粉、米粉搓擦成面团,包馅后可煎、炸成各种小吃和点心,如紫薯麻枣(图4-5-1)。

图 4-5-1　紫薯麻枣成品

❸ **山药面团**　品质优良的山药外皮无伤,干燥,断层雪白,黏液多,水分少。山药可制作山药糕和芝麻糕等,也可煮熟、去皮、捣成泥后与淀粉、面粉、米粉掺和,制作各种点心,如北京小吃卷果。

❹ **芋头面团**　具有香、酥、粉、黏、甜、可口的特点。性质软糯,蒸熟去皮捣成芋泥,与面粉、米粉掺和后,可制作各式点心。

（三）薯类面团的特点

薯类面团成品软糯适中,滋味甘美,滑爽可口,并带有浓厚的清香味和乡土味。薯类的种类较多,性质各异,因此在调制薯类面团时需根据薯蓉泥含水量、黏糯程度适当添加干粉,如米粉、面粉、淀粉等,使面团形成适宜的软硬度,便于后续的成型操作以及保证成品良好的质感。

（四）薯类面团调制技术要领

❶ **控制蒸制时间**　薯类面团多采用蒸制成熟的方法,蒸薯类原料时间不宜过长,蒸熟即可,以防止吸水过多,使薯蓉太稀,难以操作。为减少薯类吸水过多,也可用微波炉熟制薯类。

❷ **去净原料纤维**　蒸熟后的薯类原料,要尽量将纤维组织去除干净,否则面团不光滑、滋润。

❸ **适当掺入干粉**　每一种薯类由于品种和产地不同,含水量有一定差异,且每一种薯类均有自己典型的味道。薯类面团工艺中要酌情掺入适量干粉,尽量少掺干粉是保证工艺顺利进行和成品原汁原味的前提。

❹ **趁热调制面团**　粉类原料及辅助原料要趁热掺入薯蓉中,利用热气使其他原料充分融化、融和,否则面团不易滋润光滑。

三、澄粉类面团品种制作

（一）澄粉面团概念与性质

澄粉是小麦面粉经调团、漂洗去除面筋和其他物质,再经焙干、研粉制成的淀粉类物质。澄粉呈白色粉末状,色泽洁白,手感细腻,可以作为淀粉"勾芡",也可调制面团制作各式点心。广式面点中使用澄粉制作面点较为普遍。由于澄粉不含面筋,韧性和延伸性较差,所以广式面点制皮时多采用拍皮刀压皮的方法。如笋尖鲜虾饺(见图 4-5-2)以拍皮刀压皮,包馅蒸制。

（二）澄粉面团的特点

澄粉面团是澄粉加沸水调和制成的面团。澄粉面团色泽洁白,晶莹剔透,呈半透明状,口感细腻嫩滑,弹性、韧性、延伸性较小,有一定的可塑性。澄粉面团制作的成品,一般具有雪白晶莹,细腻柔软,口感嫩滑,蒸制品爽、炸制品脆的特点。

澄粉面团因在调制时就已烫透,所以在成熟时多采用蒸和炸的成熟方法,而且蒸的时间一般都在 4～5 分钟,炸制时也是采用热油炸制的方法。

澄粉面团既可单独运用制作澄粉类品种,也可在调制杂粮面团、薯类面团、果蔬类面团时加入,用以增加这些团料的可塑性。

图 4-5-2　笋尖鲜虾饺

（三）澄粉面团经验配方

澄粉面团调制采用沸水烫面法,受水温影响面团中淀粉糊化程度高,吸水量大。一般澄粉面团中澄粉与沸水的比例为 1∶1.5,面团可适量添加猪油、色拉油、白砂糖、食盐等,调配生粉、糯米粉等。

（四）澄粉面团调制方法

将澄粉、生粉装在盆中,将沸水一次性注入粉中,用木棒搅拌成团,烫成熟面团,加盖焖制 5 分钟,再将粉团倒在案台上,加入白砂糖、熟猪油揉擦均匀,盖上湿布备用。

（五）澄粉面团调制技术要领

（1）调制澄粉面团要烫熟,否则面团不爽,难以操作,同时蒸后成品不爽口,会出现黏牙现象。

（2）面团揉搓光滑后,需趁热盖上半潮湿、洁净的白布(或在面团表面刷上一层油),保持水分,以免表皮风干。

（3）为便于操作,揉团时常加入适量的熟猪油,可改善口感。

四、糖浆面团

（一）糖浆面团的概念与特点

糖浆面团是指将事先用蔗糖制成的糖浆或麦芽糖浆与小麦粉调制而成的面团。这种面团松软、细腻,既有一定的韧性,又有良好的可塑性,适合制作浆皮包馅类月饼,如广式月饼(图 4-5-3)、提浆月饼和松脆类糕点(如广式的薄脆、苏式的金钱饼等)。糖浆面团可分为砂糖面团、麦芽糖浆面团和混合糖浆面团三类。

（二）糖浆面团调制方法

制作不同品种的糖浆面团,其糖浆有不同的制作方法,即使同一品种,各地的糖浆制法也有差异。糖浆面团的调制方法有机械调制方法和手工调制方法(参考配方:500 克低筋粉、380 克糖浆、130 克花生油、10 克碱水)。

❶ 机械调制方法　首先将糖浆放入调粉机内,加入碱水搅拌均匀,再加入油脂搅拌成乳白色悬浮状液体。再逐次加入面粉搅拌均匀,面团达到一定软硬度,撒上浮面,倒出调粉机即可。搅拌好的面团应该柔软适宜、细腻、不浸油。由于糖浆黏度大,增强了对面筋蛋白的反水化作用,使面筋蛋白质不能充分吸水胀润,限制了面筋大量形成,使面团具有良好的可塑性。

广式月饼制作

图 4-5-3　广式月饼成品

❷ **手工调制方法**　首先面粉过筛,置于台上,中央开膛,倒入加工好的糖浆,先与碱水调匀,再放油乳化,逐步拌入面粉,拌匀后搓揉,直至皮料软硬适度,皮面光洁即可。

（三）糖浆面团调制技术要领

（1）制作糖浆皮最适宜用低筋面粉或月饼专用面粉;其湿面筋含量在 22%～24% 为佳。中筋面粉可适量使用,高筋面粉则不宜使用。

（2）糖浆、碱水必须充分混合,再加入油脂搅拌,否则熟后会起白点;要注意掌握碱水用量,多则易烤成褐色,影响外观,少则难以上色;皮料调制后,存放时间不宜过长。

（3）在加入面粉之前,油脂和糖浆必须充分乳化,如果搅拌时间短,乳化不均匀,则调制的面团发散,容易走油、粗糙、起筋,工艺性能差。

（4）面粉应逐次加入,最后留下少量面粉以调节面团的软硬度,如果太硬,可增加些糖浆来调节,不可用水。

（5）面团调制好以后,面筋胀润过程仍继续进行,切忌存放时间过长,时间太长,面团易起筋,不易成型,影响成品质量。

五、豆类面团

豆类面团是指以各种豆类为主要原料,适当掺入油、糖等辅料,经过煮制、碾轧、过箩、澄沙等工艺制成的面团。

（一）豆类面团的种类与特点

❶ **豆类面团的种类**

（1）绿豆面团:绿豆面团的品种很多,除可做饭、粥、羹等食品外,还可以磨成粉,制成绿豆糕、绿豆面、绿豆煎饼等,同时绿豆粉还可做绿豆馅。

（2）赤豆面团:赤豆面团性质软糯、沙性大,可做红豆饭、红豆粥、红豆凉糕等,也可用于制作馅心。

（3）黄豆面团:黄豆面团黏性差,与玉米面掺和后可使制品疏松、暄软。成品有团子、小窝头、驴打滚及各种糕饼等。

（4）杂豆面团:杂豆包括扁豆、豌豆、芸豆、蚕豆等。这些豆类制品一般具有软糯、口味清香等特点,煮熟捣泥可做馅,与米粉掺和可制作各式糕点,如扁豆糕、豌豆黄、芸豆卷、蚕豆糕等。

❷ **豆类面团的特点**　豆类面团制成的点心具有色泽自然、豆香浓郁、干香爽口的特点。面点制作工艺中常用的豆类有绿豆、赤豆、黄豆、杂豆等,此类面团既无弹性、韧性,也无延伸性。虽有一定的可塑性,但流散性极大。许多豆类面团的点心品种,都需要借助琼脂定型。

（二）豆类面团调制方法

将豆类拣去杂质、洗净、浸泡后加入适量碱与冷水一起倒入不锈钢盆中蒸烂或放入不锈钢锅中煮烂，经过箩、去皮、澄沙（去掉水分）、加入添加料（油、糖、玫瑰、琼脂等），再根据品种的不同需要进行炒制加工并成型。

（三）豆类面团调制技术要领

（1）煮豆前要浸泡，水要一次加足，万一中途需要加水，也一定要加热水，否则豆不易煮烂。

（2）必须小火慢煮、完全煮烂，否则有小硬粒会影响成品质量。

（3）熟豆过箩时，可适量加水。如果水加得多，面团太软且黏手，将影响成型工艺。

六、杂粮类面团

（一）莜麦面常识

莜麦，别名油麦，禾本科，燕麦属，一年生植物，学名为"裸粒类型燕麦"或"裸燕麦"，中国的西北、华北均有种植，尤其以山西雁北莜麦最出名。莜麦是一种高热量食品，饱腹感强且营养价值非常高，它含有较多的亚油酸，具有降低胆固醇、保护心脑血管的功效，是"三高"人群理想的主食。

❶ 莜麦面团概念　莜麦经过加工磨粉即为莜面，按一定比例加入沸水调制的面团称为莜麦面团。莜麦面团除了可单独制作面食外，还可与面粉等其他粮食作物混合制作糕点。

❷ 莜麦面的特点　莜麦富含蛋白质，在禾谷类作物中蛋白质含量最高，但是面筋蛋白质含量少，所以面团几乎无弹性、韧性和延伸性；莜麦淀粉分子比大米和面粉小，虽然易消化吸收，但莜麦面黏度低，可塑性差，不易成型，成型中容易断裂，所以莜麦面团的成型方法较多，大多采用手工"搓、推、捻、卷、压、擀"等方法。

传统莜麦面食的熟制可蒸、可烩、可炒，大多做成栲栳栳、推窝窝、烩鱼鱼、饸饹、酸辣切条条等面食，且一年四季吃法不同。初春大多将酸菜切碎同猪肉、粉条、山药、豆腐等烩成臊子，再将莜麦鱼鱼、窝窝、栲栳栳放进臊子碗内与油辣椒一起拌着吃；夏季将莜面、切条条、饸饹、栲栳栳与黄瓜丝、水萝卜丝、韭菜末、蒜末、香菜段一起凉调吃；秋季冷调、热调莜麦面都可以吃；而冬季讲究将莜面窝窝、栲栳栳蘸着羊肉臊子，配着葱花、油辣子吃，莜面鱼鱼则可用豆腐、土豆、蘑菇、细粉、羊肉等烩着吃。

❸ 调制方法

（1）配方：莜麦面 500 克、沸水 500 克、素油少许。

（2）调制：将莜麦面倒入不锈钢盆中，用右手拿筷子，左手将沸水慢慢倒入面中，边倒边搅，搅拌均匀，用手蘸冷开水，采用搓和揉的手法，趁热将面坯揉匀、揉透，晾凉后盖上湿布静置待用。

❹ 技术要领

（1）传统的莜麦面食制作必须经过"三熟"，即麦粒要炒熟，和面要烫熟，成型后要蒸熟。

（2）烫莜麦面时要用沸水烫透，否则面团黏性差，不易成型。

（3）揉面时要蘸冷开水揉匀、揉透，否则成品有黏牙现象。

（4）莜麦面团调制好后要盖上湿布，否则面团表面会发生硬皮现象。

（5）蒸制面团时，热蒸汽一定要足，时间要够，否则面片夹生，不易消化。

❺ 莜面的功能性　随着现代营养科学的发展，人们将莜面与面粉混合（多数配方莜面占 40%，面粉占 60%）制作出莜麦面包、莜麦馒头、莜麦蛋糕等糕点；随着食品工业的发展，也加工生产出莜麦炒面、莜麦糊糊、莜麦麦片、莜麦方便面等方便食品。

（二）青稞面常识

❶ 青稞的概念　青稞是生长在我国西北、西南特别是西藏、青海、甘肃等地的一种重要高原谷

类作物,又称为米麦、稞麦、大麦。青稞是大麦的一个变种,属禾本科、一年生或越年生草本植物。它生长期短,一般为 100～130 天,比小米早熟,能适应迟种早收。青稞耐贫瘠和高寒,在海拔 4500 米以上的局部高海拔地带,是唯一可以正常成熟的作物,已成为青藏高原一年一熟的高寒河谷种植的标志性作物。

❷ **青稞的种类** 青稞按我国大麦种划分,被定为多棱大麦亚种的多棱颗粒大麦变种群。依据青稞的棱数分,可分为二棱稞大麦、四棱稞大麦、六棱稞大麦。其中西藏主要栽培六棱稞大麦,青海则以栽培四棱稞大麦为主。青稞成熟后种子与种壳分离,容易脱落成稞粒,因种植地区和品种的不同,青稞种皮可分为灰白色、灰色、紫色、黑紫色等。优质青稞的籽粒长 6～9 毫米、宽 2～3 毫米,所以青稞按形状可分为纺锤形、椭圆形、菱形和锥形等。

❸ **青稞的特点** 青稞同普通大麦结构一样,其颗粒是由外皮层包裹糊粉层、淀粉化的胚乳和软胚芽组成。其中外皮层主要由纤维素、半纤维素组成;胚乳中淀粉含量多,面筋成分少;胚芽中富含多种维生素和无机盐。青稞的化学组成与小麦、高粱类相同,主要成分为碳水化合物,只是矿物质和维生素更丰富一些。

青稞炒面是青稞麦经过晒干、炒熟、磨粉(不过筛)而成,与我国北方的炒面相似,但北方的炒面是先磨粉后炒制,而西藏的青稞面是先炒熟再磨粉且不去皮。青稞面粉较为粗糙,色泽灰暗,口感发黏。青稞面携带方便,适于牧民生活。

糌粑是藏民的主食,是由青稞炒面与奶茶、酥油、奶渣、糖经搅拌后捏成团制成。它不仅具有油酥的芳香、糖的甜润,而且还有奶渣的酸脆。糌粑里还可以加入肉、野菜等食物原料,做成咸糌粑。

青稞面食用方法与小麦粉基本相同。随着对小麦粉烘焙食品种类与制作工艺的模仿,人们也研制开发出了青稞系列面食,如青稞挂面、青稞馒头、青稞饼干、青稞蛋糕和青稞麦片等。青稞由于具有蛋白质含量高但面筋蛋白含量低,支链淀粉含量高,物料黏度高等特点,可用于制作曲奇饼干、薄脆饼干、葱油饼干、青稞蛋黄派和青稞面条。

北京的西藏大厦提供的三款青稞面点糌粑糕、玛徹、青稞薄饼,在继承藏区传统青稞制品的基础上加以改良,使其营养更丰富、口味更易于被大众接受。

❹ **青稞面团调制工艺**

(1)配方:青稞 250 克、酥油 200 克、白砂糖 50 克、西藏红糖 10 克、黑芝麻 10 克、核桃仁 10 克、奶渣 25 克、牛奶 200 克。

(2)调制方法:将青稞面、白砂糖、红糖粒、核桃仁碎、黑芝麻、奶渣、酥油倒入不锈钢盆中混合拌制,再用牛奶调制,以手捏即可成团为限,制成青稞面团。

❺ **技术要领**

(1)西藏红糖、核桃仁要尽量压碎,否则成品易散碎。

(2)由于青稞面含水量有差异,所以和面时加入牛奶的量要视干湿程度,从而调节面团软硬。

(3)西藏红糖只能储存于干燥通风处,不宜存入冰箱,否则容易溶化。

(4)面团色泽微褐,形随模具,微甜,有奶香味。

(5)加入茶汁可调制出玛徹面团,色泽微褐,具有微甜茶香。

(三)荞麦面常识

❶ **荞麦面团的概念** 荞麦面团是以荞麦面(多为甜荞或苦荞)为原料,掺入辅助原料制成的面团。由于荞麦面无弹性、韧性、延伸性,一般要配合面粉一起使用。荞麦面团制作的点心,成品色泽较暗,具有荞麦特有的味道。

❷ **荞麦的种类** 荞麦的种类较多,主要有甜荞、苦荞、金荞、齿翅野荞四种,我国主产甜荞和苦荞两种。

(1)甜荞:甜荞又称普通荞麦,是荞麦中品质较好的品种,其色泽暗白,基本无苦味。

（2）苦荞：苦荞又称野荞麦、鞑靼荞、万年荞、野南荞。其籽粒壳厚，果实略苦，色泽泛黄。

（3）金荞：金荞皮易于爆裂而成荞麦米，故又称米荞。

（4）齿翅野荞：齿翅野荞又称翅荞，品质较差。

❸ **荞麦面团的特点**　荞麦面团色泽灰暗、味略苦，几乎没有弹性和延伸性，因而荞麦面团的包捏性能较差，成品色泽、口味也欠佳。面点工艺实践中荞麦面团除了单独制作面食外，还常与面粉等其他粮食作物混用制作面食。如荞麦籽粒可做荞麦粥、荞麦米饭；荞麦粉可做荞麦面条、荞麦鱼鱼、荞麦剔尖、荞麦烙饼、荞麦凉粉等面食小吃；荞麦粉还可以与面粉等混合制作荞麦面包、荞麦饼干、荞麦月饼、荞麦酥点等糕点。现代食品工业的发展，还以荞麦为原料，制成荞麦啤酒、荞麦酱油、荞麦醋、荞麦酸奶等。

❹ **荞麦面团调制工艺**　将荞麦面与面粉混合再与其他辅助原料（水、糖、油、蛋、乳等）和成面团即可。由于荞麦的色泽较为灰暗、口感欠佳且几乎不含面筋蛋白（无弹性、韧性和延伸性），所以用荞面粉制作面食时，需要注意矫色、矫味问题和选择适当的工艺手法。

❺ **技术要领**

（1）由于荞麦不易吸水，筋性很差，面团和好后要经过三揉三饧，否则面团不光滑，成品口感不爽滑。

（2）由于荞麦面粉几乎不含面筋蛋白质，凡制作生化膨松面团，需要与面粉配合使用。

（3）面粉与荞麦的比例以 7∶3 为最佳。

（4）根据产品特点适当添加可可粉、吉士粉等增香原料，有利于改善产品颜色，增加香气。

（四）玉米面常识

玉米为禾本科植物，又名苞米、苞谷。有"珍珠米"的美称。它是仅次于小麦、大米占世界第三位的粮食作物，玉米食品被誉为"黄金食品"，其所含的膳食纤维，具有特殊的保健作用。

❶ **概念**　玉米面是由玉米磨制而成，没有等级之分，只有粗细之别。玉米面含有丰富的营养素，按颜色区分有黄玉米面和白玉米面两种。玉米面的主要营养成分有卵磷脂、亚油酸、谷物醇、维生素，一般人皆可食用。其主要功效有降血压、降血脂，抗动脉硬化，美容养颜，延缓衰老等。

❷ **种类特点**

（1）甜玉米：有普通、超甜和加强三个品种，其蛋白质、赖氨酸、维生素含量也较高。其果穗可煮食或做罐头，小穗可做玉米笋食品。

（2）糯玉米：糯玉米与普通玉米的区别在于胚乳中淀粉100％为支链淀粉，富有黏糯性，比普通玉米淀粉易于消化。蛋白质含量比普通玉米高3％～6％。所含淀粉易于消化吸收，将其磨成粉可制作多种黏食，用其酿造的黄酒味道十分独特。糯玉米的鲜穗煮熟柔软细腻、甜黏清香、皮薄无渣、营养丰富。

吃粗粮有益于健康，但应按人体所需的营养结构适量搭配食用。

❸ **调制工艺**　玉米面和细粮搭配可以制作红枣玉米发糕、玉米饼（图 4-5-4）、玉米馒头、玉米担担等。还可制作玉米面饺子、包子、馅饼等。

（1）膨松面团。

①配方：黄玉米面 300 克，面粉 200 克，酵母 10 克，白砂糖 150 克，苏打粉 3 克。

②调制：首先在盆里加入玉米面，用热水烫面，边倒边搅拌，搅拌成颗粒状就可以了，稍微放凉备用（玉米面用开水烫过之后产生糊精，不但口感会更好，而且更容易消化）。玉米面放凉之后，加入白面和小苏打（玉米面和白面的比例可依要求定），将酵母和白糖用温水化开，逐次倒入，边倒边搅，拌和均匀，和成稍微硬一点的光滑面团，面和得太软的话，后面不好操作，用保鲜膜包好静置发酵即可。

（2）水调面团。

①配方：玉米面 100 克，面粉 100 克，沸水、冷水适量。

图 4-5-4 玉米饼成品

②调制:将玉米面放入大碗中,一边倒沸水一边用筷子搅拌成穗状(水量根据实际情况调整),面要干一点,再倒入面粉,用温水和面,搅拌成絮状(也可以加一个鸡蛋,减少水的用量,加鸡蛋口感会更加有弹性,较好操作),然后用手揉至光滑成团,最后面团是不黏手的,饧置待用。

④ **技术要领**

(1)玉米面没有黏性,因此需要加一些糯米面或直接用糯玉米面制作。

(2)玉米面、糯米面少许,根据口味加适量的糖或盐。有条件可加一些奶粉、适量煮熟的鸡蛋黄。

(3)做窝头时手上淋点水,这样面就不会黏在手上,窝头就能做得更漂亮。

(4)玉米面多,面团黏性小,觉得不好操作的,可以加大面粉的比例。

(5)调制玉米面团时,可以调配适量面粉、米粉、荞麦面、南瓜、小豆面等,也可添加胡萝卜汁、菠菜汁、牛奶、鸡蛋等辅料。

📥 **模块小结**

本模块从中式面点面团概述、水调面团工艺、膨松面团工艺、层酥面团工艺及其他面团工艺五个单元重点介绍了面团调制流程;分别阐述了各种面团概念、特点、成型原理、调制方法、技术要领等。通过详细介绍,使学生巩固了对各类面团的了解、认识,掌握不同面团的调制方法。这是中式面点制作的基础,也是重点。本模块内容与其他模块内容之间的相互结合,构成了研究中式面点工艺学的基础和完整的体系。

📥 **思考与练习**

扫码看答案

一、单项选择题

1. 水调面团一般是指面粉加( )调制的面团。

A. 汤　　　　　　　B. 水　　　　　　　C. 油　　　　　　　D. 糖

2. 水调面团中把水温在 30 ℃时调制的面团称为冷水面团,水温在( )℃时称为温水面团,水温在80 ℃以上时称为热水面团。

A. 40　　　　　　　B. 50　　　　　　　C. 60　　　　　　　D. 70

3. 调制冷水面团的注意事项之一是( )和水的温度要恰当。

A. 掺水比例　　　B. 面粉的质量　　　C. 面粉的数量　　　D. 面粉的品种

4. 面筋在发酵面团中可起到骨架作用,使制品形成( )状,并富有弹性。

A. 整齐　　　　　　B. 不撒　　　　　　C. 海绵　　　　　　D. 美观

5. 冷水面团饧面的目的是(　　　)。

A. 便于成型 　　　　B. 使面团更软 　　　　C. 防止面裂 　　　　D. 更好生成筋网

6. 热水面团成品表面粗糙的原因之一是面团(　　　)。

A. 吃水不准 　　　　B. 热水没浇匀 　　　　C. 表面没刷油 　　　　D. 热气没散尽

7. 食盐在面点中的作用主要体现在以下哪个方面?(　　　)

A. 调节口味,改进制品的色泽 　　　　　　　　B. 增强面团的弹性和筋力

C. 调节发酵面团的发酵速度 　　　　　　　　D. 以上都是

8. 热水面团主要是淀粉遇热(　　　)和蛋白质的变性吸水而形成。

A. 糊化 　　　　B. 碳化 　　　　C. 膨化 　　　　D. 胀化

9. 调制温水面团的水温以 50～60 ℃为宜,水温过高,面团就会过黏而无(　　　)。

A. 筋力 　　　　B. 膨松 　　　　C. 抻力 　　　　D. 张力

10. 热水和面,加热水拌和均匀,要揉团时,需均匀洒上(　　　),再揉搓成团。

A. 少许温水 　　　　B. 少许冷水 　　　　C. 少许凉水 　　　　D. 少许热水

11. 热水面团蛋白质完全热变性,面团不能生成(　　　)。

A. 面筋 　　　　B. 软性 　　　　C. 柔性 　　　　D. 黏性

12. 下列面点中属于水调面团制品的是(　　　)。

A. 饺子 　　　　B. 馒头 　　　　C. 花卷 　　　　D. 蛋糕

13. 和制生物膨松面团应(　　　)。

A. 加蛋 　　　　B. 不加糖 　　　　C. 适度加糖 　　　　D. 什么都不加

14. 膨松剂必须具备在(　　　)气体产生较慢这一条件。

A. 在热的面团中 　　　B. 冷的面团中 　　　C. 水溶液中 　　　D. 各类介质中

15. 油条的疏松方法是(　　　)疏松。

A. 低温 　　　　B. 物理 　　　　C. 化学 　　　　D. 微生物发酵

16. 发酵时间过短,发酵面团(　　　)。

A. 有色泽较白 　　　　　　　　　　　　B. 面团的质量差

C. 熟制后成品软塌不暄 　　　　　　　　D. 面团发酵不足

17. 发酵面团中酵母用量(　　　)。

A. 越多,发酵力越大 　　　　　　　　　　B. 越多,发酵时间越短

C. 超过一定限量,发酵力会减退 　　　　　D. 越少,发酵力越大

18. 实验证明,发酵面团中的酵母菌在(　　　)时死亡。

A. 0 ℃以下 　　　B. 15 ℃以下 　　　C. 30 ℃左右 　　　D. 60 ℃以上

19. 小花卷、豆沙包的疏松方法是(　　　)疏松法。

A. 生化结合 　　　　B. 物理 　　　　C. 化学 　　　　D. 微生物发酵

20. 蛋泡面团中加一点(　　　)调节 pH 值,可以提高蛋白的起泡性和持泡性。

A. 食用糖 　　　　B. 食用盐 　　　　C. 食用酸 　　　　D. 食用碱

21. 蛋泡面团工艺中,油脂的表面张力(　　　)蛋白膜本身的抗张力,所以油脂具有消泡作用。

A. 小于 　　　　B. 大于 　　　　C. 等于 　　　　D. 不等于

22. (　　　)由两块质感不同的面团组成。

A. 物理膨松面团 　　　B. 化学膨松面团 　　　C. 层酥面团 　　　D. 水调面团

23. 物理膨松面团具有体积疏松膨大,组织细密暄软,呈(　　　)多孔结构,有浓郁的蛋香味的特点。

A. 泡沫状 　　　　B. 蜂窝状 　　　　C. 海绵状 　　　　D. 棉花状

24. 水油面是由(　　　)调制而成的。

A.水和面粉   B.油脂和面粉   C.水和油脂   D.水、油、面粉

25.水油面具有（　　）。

A.水调面的筋性和延伸性   B.油酥面的松酥性

C.水调面的延伸性,但无油酥面的松酥性   D.水调面的延伸性,也有油酥面的松酥性

26.制作薯类面团的工艺是将薯类（　　）去皮、制泥、去筋,趁热加入添加料。

A.蒸熟   B.炸熟   C.烤熟   D.煎熟

27.制作薯类面团,糖和米粉要趁热掺入薯蓉中,随即加入（　　）,擦匀折叠即成。

A.面粉   B.蛋液   C.饴糖   D.油脂

28.薯类面团（　　）,但流散性大。

A.弹性强   B.延伸性强   C.可塑性差   D.可塑性强

29.调制澄粉面团,应将澄粉倒入（　　）锅中制熟。

A.热水   B.开水   C.温水   D.凉水

30.具有（　　）是澄粉面团的特点。

A.弹性   B.可塑性   C.韧性   D.延伸性

31.调制澄粉面团一定要烫熟,否则成品会出现（　　）现象。

A.不熟   B.结皮   C.干硬   D.不爽口

32.糖浆面团调制好后,不宜放置时间过长,否则（　　）。

A.外观粗糙   B.面团黏和上劲

C.韧性增强、可塑性减弱   D.面团的弹性、韧性不均

33.糖浆面团是面粉与（　　）调制而成。

A.糖粉   B.糖浆   C.绵白糖   D.白砂糖

34.调制糖浆面团时,糖浆与油脂必须充分搅拌,完全乳化,否则（　　）。

A.面团黏和上劲   B.韧性增强、可塑性减弱

C.面团的弹性、韧性不均   D.外观松散

35.制作豆类面团需要加入适量的（　　）和糖。

A.盐   B.油   C.碱   D.水

36.绿豆的品种很多,以色（　　）、粒大整齐的品质最好。

A.浓绿、富有光泽   B.浓绿、无光泽

C.浅绿、富有光泽   D.淡绿、无光泽

37.豆类面团的特征是:无弹性、（　　）、延伸性,只有一定的可塑性。

A.甜性   B.软性   C.韧性   D.黏性

二、判断题(将判断结果填入括号中。 正确的填"√",错误的填"×")

1.水调性面团,是指不经过发酵而用水与面粉直接拌和、揉搓而成的面团。　　　　（　　）

2.水调面团因水温不同,一般分为冷水面团、温水面团、盐水面团、热水面团。　　（　　）

3.只有水调面团才能使用钳花成型的工艺方法。　　　　　　　　　　　　　　　（　　）

4.制作刀削面时为了其成型好,不黏刀,无毛边,因此每500克面粉需要加入冷水300克以上。

（　　）

5.和面的标准是:软硬适度、不夹生、不伤水,符合面团工艺性能要求,达到面光、手光、容器光的"三光"标准。　　　　　　　　　　　　　　　　　　　　　　　　　　　　　　　　（　　）

6.手工和面的手法一般可分为炒拌法、调合法、搅和法三种。　　　　　　　　　（　　）

7.面团调制的主要目的是使各种原料混合均匀,发挥原材料在面点制作中应起的作用,改变原材料的化学性质。　　　　　　　　　　　　　　　　　　　　　　　　　　　　　　　　（　　）

8.影响面团形成的因素一般有水、油脂、糖、鸡蛋、盐、碱等。　　　　　　　　（　　）

9. 热水面团又称烫面、开水面团。指用 70 ℃以上的热水调制而成。　　　　　（　　）

10. 化学膨松面团是因面团中酵母菌的作用,产生一系列生物化学反应,使面团产生孔洞,变得疏松、柔软、多孔,制成的面点体积膨大、形态饱满、口感松软、营养丰富。　　　　（　　）

11. 搅和法是先将面粉倒入盆中,然后左手浇水,右手拿擀面杖搅和,边浇边搅,使其吃水均匀,搅匀成团。　　　　　　（　　）

12. 物理膨松面团即发酵面团,是面粉中加入适量酵母和水拌揉均匀后,置于适宜的温度条件下发酵,通过酵母的发酵作用,得到的膨胀松软的面团。　　　　（　　）

13. 发酵粉也称泡打粉。它是由酸剂、碱剂和填充剂组合成的一种复合膨松剂。　（　　）

14. 调制蛋泡糊面团,面粉需过筛,拌粉要轻。面粉过筛,不仅可使面粉松散,还可使结块的粉粒松散,便于面粉与蛋泡混合均匀,避免蛋泡膨松面团中夹杂粉粒,防止成熟后的蛋糕内存有生粉。

（　　）

15. 面团发酵时,淀粉酶在适宜条件下,可将淀粉分解成可供酵母利用的单糖,促进发酵作用。

（　　）

16. 活性干酵母不易保存、发酵力弱。　　　　　　　　　　　　（　　）

17. 米浆粉团发酵后,要先放发酵粉和枧水使其全部溶化后再加糖拌。　　　（　　）

18. 发酵时间过长,则面团质量差,酸度大,筋力小;发酵时间短,产气不足,则筋力强。（　　）

19. 化学膨松面团的特点是面点制品膨松、酥脆、多孔。常用于高糖、高油的面团膨松。（　　）

20. 蛋白是一种亲水胶体,具有良好的起泡性;蛋黄具有乳化性,在调制蛋糕面糊中具有重要的作用。　　　　　　（　　）

21. 水油皮是指以蛋水面为皮,黄油酥为心,经叠制而成的层酥面团。　　　（　　）

22. 干油酥既有延伸性又有松酥性。　　　　　　　　　　　　（　　）

23. 水油酥面团既有水调面的延伸性也有油酥面的松酥性。　　　　　　（　　）

24. 制作豆沙酥排、蛋糕等为了防止面团上劲尽量选用高筋面粉。　　　（　　）

25. 澄粉面团的基本工艺一般是按比例将澄粉倒入冷水锅中加热后煮熟。　　（　　）

26. 制作油酥饼时为防止烘烤时发干,一般调制面团时要稍软点,每 500 克面粉需加入约 200 克水。　　　　　　（　　）

27. 调制面团的作用是形成适合各类面点所要求的不同性质的面团。　　　（　　）

模块五

制馅工艺

馅,也称馅料、馅心。一般指动植物原料经细碎加工,以调味料拌制或经熟制而成的包夹入面点坯皮内或浇在熟制后的凉、热面点表面的料子。馅心的形式多样,味美适口,能调剂口味或形成面点特色。

制馅工艺是指以各种禽、畜、海产、果蔬及其制品为原料,根据面团特性,适当掺入各类调味品,经过生拌或熟制,使原料呈现鲜美味道的过程。

馅心的制作是面点制作的重要过程之一。凡需要包馅的制品,都要经过制馅的过程,如包子、水饺、蒸饺、酥饼等。馅心制作的好坏,对成品的质量有直接的影响。如果不懂得制馅,就不能制出精美的包馅面点制品。

制馅技术较为复杂,不但要求面点师熟悉原料的性质、用途以及刀工和烹调方法等,而且还要善于结合各式品种所用的皮料及成型成熟的不同特点,采用不同的技术措施,才能制成适宜的馅心。由此可见,馅心制作也是面点制作中具有较高技术的一项工艺操作。

本模块所指馅心还包括使用动植物原料经过精细加工、调味拌制或烹调熟制而成的形态多样、口味鲜美、覆盖于面食表面,决定面食口味的浇头。

单元一　制馅的作用、制作要求与分类

一、馅心的特点及制馅工艺要求

我国面点制馅工艺历史悠久,经历代面点师的努力,中式面点的馅心在种类、口味及制作等方面形成了自己独有的特点。各类馅心的制作工艺虽各有不同,但却有着共同的特点和操作要求。

（一）种类繁多

我国面点的馅心种类较多,各具特色。在选料上可分为荤馅、素馅;在口味上还可分为咸馅、甜馅、咸甜馅等。每一种馅心又是多种多样,如馅咸中的肉馅、菜馅、菜肉馅等;甜馅中有白糖馅、脂油馅、豆沙馅、莲蓉馅、果仁什锦馅等;咸甜馅又可分为各种不同的花样。另外,各地都有其地方风味和特点,结合到具体品种时,同样的馅心制作方法各有不同。

（二）用料讲究

面点制品是人们日常生活的主要食品,更要讲究味道鲜美,而馅心对面点的口味起着决定性的作用。因此馅心的选料非常讲究,无论是荤馅、素馅或咸馅、甜馅还是咸甜馅,所有的主料和配料都应选择最好的。

（三）用料广泛

西式面点馅心原料的选用主要以果酱、奶油、巧克力、可可粉、牛奶等为主,取料范围比较小,而中式面点的馅心原料非常广泛,几乎所有可用来烹制菜肴的原料均可作为面点馅心的原料。

（四）原料一般要加工成细碎的小料

面点的馅心在口味上的要求与菜肴一样,都要求鲜美适口、咸淡适宜,但由于馅心包入皮料内后,还需经过加热熟制处理,一般都是将原料加工成粒、末、泥、蓉、丝、片或细碎的小料等。无论是肉类原料、蔬菜、豆制品,还是其他原料,不管是剁粒、末也好,切丝、片也罢,都要以细小为好,不能过粗过大,这是制作馅心的共同要求。因为面点皮坯都比较柔软,加之面点品种都比较小,如果馅料粗大,既影响成型操作,又不易成熟,且容易使制品散碎露馅,尤其对于吃浆的肉馅更是如此,原料加工过大则不宜加水吃浆,势必影响馅心的鲜嫩程度,使面点品质降低。

（五）水分和黏性要合适

适度控制调节馅的水分和黏性是制馅的两大关键,尤其是素馅和肉馅。生拌素馅多用新鲜蔬菜,但新鲜蔬菜的含水量较多,因此必须要去掉多余的水分并设法增加黏性。生拌肉馅往往是油脂重、黏性足,所以要通过打水或掺冻降低黏性,使其达到汁多、松嫩的目的。

熟制素馅多用干制菜泡发后制作,较干散,黏性差,在烹调时也需增加黏性。熟制素馅在烹调的过程中,原料水分外溢且馅料干散,通常是利用勾芡的方法,使馅料和卤汁混合均匀,不仅使馅鲜美入味,而且湿度和黏性也较为合适。此外,甜馅中除泥蓉馅外,其他的果仁、蜜饯馅和各种糖馅也存在同样的问题,通常是通过打水潮和打油潮来解决。

（六）咸馅调味较一般菜肴稍淡

咸馅在口味上的要求与菜肴的调味一样要求咸淡适宜、五味调和、鲜美可口。但馅心在包入皮坯后,多数品种都需经过加热熟制。在蒸、烙、烤或炸的熟制过程中,由于水分蒸发,卤汁变浓,使馅的咸味相对增加。特别是一些重馅品种,如馅饼、烧卖等,皮薄馅大,以吃馅为主。所以无论在拌制生馅或是烹调熟馅时,口味都应比一般菜肴稍淡一些,以免制品成熟后,因馅过咸而失去鲜味。一般水煮成熟法和轻馅品种不存在这样的问题。

（七）熟馅的制作多需勾芡

熟馅的制作通常在对原料加热的过程中,或多或少地产生水分,如不勾芡,熟制后的馅水分过多,给包捏成型造成困难,而且成熟后的制品会出现露馅塌底的现象。假如是废弃汤汁,则会使原料中的大部分营养素随汤丢弃,同时使馅料老、硬而不松嫩,味淡而不醇厚,所以这种方法是不可取的。但熟馅勾芡也不是绝对的,少部分的熟馅制品也有不勾芡的。

二、制馅的重要性

（一）决定面点的口味

包馅面点的口味,与制品所用的坯料有一定关系,但多数品种的口味是由馅来决定的。人们一般都以制品的馅心口味为标准衡量制品口味的好与坏,如北京都一处的烧卖、天津的狗不理包子、江苏淮安的文楼汤包、广东的虾饺等。这些品种之所以闻名,就是因为制馅的用料考究、制作精细、口味鲜美。另外,馅心在整个面点制品中占有较大比重。大多数品种的皮坯与馅料各占50%,但有些品种的馅心比例则要多于坯料,可占整个制品质量的60%～80%,如春卷、馅饼、烧卖等。

从质量上讲,通常形容包馅面点的口味,都用"鲜、香、油、嫩"加以表达,而"鲜、香、油、嫩"都是反映馅料质量的。由此可见,馅料的好坏对包馅制品的口味起着决定性的作用。

（二）影响面点的外观和形态

❶ **馅心变化有美化制品的作用**　有些面点可由于馅料的配饰而使形态更为优美、逼真。例如各种花色蒸饺,在生坯成型后,还需要在空洞内添加各种颜色的馅料,如火腿、虾仁、青菜、蟹黄、蛋白、蛋黄、香菇、木耳、豌豆等,能使制品色泽鲜艳、形态生动。再如制作各种松糕和八宝饭,常用馅料在表面做成各种图案花纹,使其形态更加美观,富有艺术性。

❷ **馅心的软硬程度直接影响制品的造型**　由于馅料的性质和调制方法不同,制作的馅心有软、硬、干、稀等区别,比较干硬的馅心有撑得住坯皮、便于操作、成品不易变形的作用。松软的馅心包入皮坯后,则有不易硌破坯皮的优点。只有合理地利用这些性质,才能保证制品的造型。如制作花色蒸饺的馅心应稍干硬些,这样可使成品不塌架、不变形;制作"蟹壳黄"的馅心不可太硬、太稀,否则在包制成型时容易硌破或拱破坯皮;"搅面馅饼"则要求馅心干爽而不带水分,液体调味品要少用或不用,以保证其皮薄如纸的特色;制作油炸酥皮制品时,宜选用熟馅,这样可防止炸制时出现外形破裂的现象。

由此可见,馅与包馅面点的形态有着密切的关系。制作馅心必须根据面点的坯皮性质和成型特点作不同处理。如果调制馅心时处理不当,则会使制品坍塌变形或出现走油露馅等影响成型的问题。所以在制馅过程中,应根据各自的特点采取合理的技术措施,在保证其良好的口味和质感的前提下,还要保证制品形态完整、周正饱满。

（三）形成了面点的特色

❶ **形成了面点的地方特色**　各种面点的特色形成虽与所用的坯料、成型工艺和熟制方法有关,但所用的馅心往往可起衬托和决定性的作用,如水晶包的香、肥、甜、白、亮;灌汤包在吃时先吮一口汤的特色,就是由馅心决定的。不少地方风味,馅心便可反映其浓厚的地方风味特色,例如广式面点的馅心用料广,制作细,口味咸中重甜,具有鲜、爽、滑、嫩、香等特点。苏式面点肉馅喜用酱色和肉冻,质嫩卤多,口味咸中带甜,味鲜美,如江苏汤包,每500克馅心掺冻300克之多,熟制后汤多而肥厚,食时先咬破吸汤,味道特别鲜美。京式肉馅多用荤素料混合,注重咸鲜口味,多用水打馅,非常松嫩,并常用葱、姜、黄酱、芝麻油、香料等为调辅料,皮薄馅满,吃时非常鲜嫩,形成了北方地区的独特风味。

❷ **形成了面点本身的特色**　例如汤包的特点是,食时先咬破吸一口汤,可谓是汤汁多而鲜美;水饺的特色是皮薄、馅足、卤多;水晶包的特色是油香甜亮,肥而不腻等。馅心比重较大的品种更是如此。

（四）丰富了面点的品种

❶ **馅心的变化丰富了面点的品种**　面点的花色品种繁多,口味丰富,这不仅因为使用了不同的坯皮,不同的成熟方法,不同的形态等因素,也由于馅心的不同,口味不一,使花色品种更为丰富多彩。制馅时用料广泛,口味迥异,也是增添面点花色品种,使其丰富多彩的重要因素。例如水饺,就可因肉的种类不同分为猪肉水饺、羊肉水饺、牛肉水饺或鸡、鱼肉水饺,各种肉类再与不同的蔬菜匹配,以及各种海味原料的相互搭配形成不同风味的三鲜馅,各种干鲜蔬菜与其他原料配制成的各色素馅等,可使水饺的种类翻上几十番。再比如酥皮类点心,同样的坯料,只要换一种馅,就是一个不同的品种,如豆沙酥、红果酥、枣泥酥、肉松酥、莲蓉酥、三鲜酥、麻仁酥等。随着制馅方法的变化,可形成几十甚至上百种不同风味的点心,如豆沙包、水晶包、百果包、椰蓉包、莲蓉包、奶黄包、鲜肉包、菜肉包、三丁包、五丁包、叉烧包、鸡肉包、蟹肉包等。再如糕、团类等也是如此。

由于馅心用料不同,调味不同,就出现了咸、甜和咸甜等不同口味品种。

❷ **馅料加工的形状丰富了面点品种**　由于馅料的加工刀法不同,也可产生不同的品种。如同样用肉作馅,就有肉丁、肉丝、肉片之分,制成的面点就有肉丁包子、肉末烧饼等。由此可见,馅心的多种多样可使面点制作的花色品种大大增加。

三、制馅的要求

馅心的制作,一般都须经过拌制或烹制过程。在烹制过程中虽与烹调菜肴有相同之处,但也有区别。归纳起来大致有以下几点。

（一）必须对制馅的各种原料进行选择、鉴别

由于面点咸、甜品种都较多，所用馅心原料也比较复杂，而且不同品种有不同的要求，同类原料也有质地之差。例如用鱼做馅时应选用体大、肉质厚而嫩、刺少、肉味鲜美的鱼，如牙片鱼、鲅鱼、大马哈鱼等比其他鱼制成的馅心都鲜嫩。因此必须根据产品的不同要求选择最合适的原料，这样才能使馅心质量稳定。

（二）必须将原料去壳、去骨并加工

由于面点的坯皮料大多是用粮食粉料制成，皮薄质软，成熟时间短，如果馅料过大，不仅不易入味成熟，而且还会影响成型。所以一般馅心原料必须去壳，去骨并加工成丁、丝、末、粒、蓉等小料。

（三）馅心的口味应按品种不同的要求而定

馅心在口味上要求鲜美可口，其甜或咸的浓淡还应根据成品要求而定。由于面点是单独食用的，而且不少品种都是皮薄馅大，以吃馅心为主。而且在熟制时馅心中还会减少一部分水分而使馅心的口味变浓变咸。所以无论是拌制生馅还是烹制熟馅，尤其对皮薄的品种来说，馅心的口味一般要稍淡些；个别皮厚、馅小的品种味可略浓，这样才能避免成品成熟后会因口味不正而影响其质量。

（四）烹制熟咸馅心，一般都需勾芡后使用

制作熟的咸馅，如果烹制得太干，则会影响口感；烹制后带有水分，又难以成型。为了增加馅心的黏性和浓度，保证馅心更好地入味，并带有一定卤汁，又便于包捏成型，在烹制熟的咸馅时，除个别使用自然芡（原料本身淀粉含量多）外，一般都需勾芡后使用。

（五）必须了解各种原料的拆卸率、涨发率和出馅率

在面点制馅原料中有不少是带壳、带骨的，因此要从原料上拆卸成净料后才能使用，或将干料经涨发后使用，还有的需经煮再炒制后使用，这都有一个加工的过程。根据原料质量的优劣及加工方法的不同，一般原料都具有一定的拆卸率、涨发率和出馅率，作为从事面点工作的人员必须掌握这些规律，才能更好地计算成本，做到用料准确。

四、馅的分类

馅的种类可从以下四个方面来区分。

❶ **按制作原料划分**　从原料的性质看，可分为荤馅、素馅和荤素馅。荤馅多以畜禽肉以及水产原料为主料，口味上要求咸淡适宜、鲜香松嫩、汁多味美；素馅多以鲜干蔬菜为主料，再配以豆制品、鸡蛋等原料制成，口味要突出清香爽口的特点；荤素馅或以荤为主，配一些素料，如各种肉类分别与不同蔬菜的匹配，以及几种海鲜原料与时令蔬菜的搭配，此类馅心优点多，使用较普遍；或以素为主，配少量的荤料，如翡翠馅、萝卜丝馅等与火腿、猪肥膘的搭配，适用于一些特色面点。

❷ **按制作工艺划分**　从制法上看，可分为生馅、熟馅和生熟混合馅。生馅即将原料经刀工处理后，直接调味拌制而成；熟馅则是原料在经刀工处理后，还需经过烹调的过程（或某些熟肉馅，将酱、卤、烤制的熟料加工成馅料）；生熟混合馅多指荤素混合的菜肉馅，如某些耐熟且水分含量较多的萝卜、白菜、豆角等原料就需焯熟后经刀工处理再与生肉馅拌和，或熟肉馅中掺入一些口味特别且叶片细薄不宜焯水的生菜，如韭菜、香菜等。

❸ **按口味划分**　从口味上看，主要分为咸馅、甜馅两大类。咸馅用料广泛，种类很多，使用也很普遍。甜馅也是种类众多，是馅心的一个大类。

❹ **按所处位置划分**　从馅在面点制品中所处的位置划分，分为馅心和面臊（卤、浇头）两大类。馅心一般呈细小固态或软膏状，大多处于面坯的内部，人们习惯称之为馅心；而面臊多为液态或半流体状（或成"泥石流"状），大多覆盖于面条制品的表面或将面坯制品浸泡于其中，人们习惯称之为面臊、打卤或浇头。

具体而言,馅的分类归纳见表 5-1-1 所示。

表 5-1-1　馅的分类

制馅工艺	馅心	咸馅	荤馅		生荤馅	禽畜类有猪肉馅、牛肉馅、火腿馅、汤包馅、鸡肉馅等水产类有鱼肉馅、虾仁馅、三鲜馅
				熟荤馅		禽畜类有叉烧馅、咸水角馅、鸡丝馅等水产类有蟹粉馅
			素馅	清素馅	生素馅	萝卜丝馅、素烧卖馅等
					熟素馅	芹菜香干馅、春笋金丝馅、雪菜冬笋馅、素什锦馅等
					生熟素馅	韭黄馅
				花素馅		素三鲜馅
			荤素馅	生荤素馅		三丁馅、菜肉馅、烧卖馅等
				熟荤素馅		韭菜肉馅、粉果馅、糯米卷馅、鸡粒熟馅等
				生熟荤素馅		豆芽猪肉馅等
			三鲜馅	海三鲜		鱼翅馅、鲍鱼馅
				肉三鲜		瑶柱馅、鱼子馅
				半三鲜		百花馅、韭黄三鲜馅
		甜馅	泥蓉馅			豆沙馅、枣泥馅、莲蓉馅、豆蓉馅、薯泥馅等
			果仁蜜饯馅			五仁馅、百果馅、什锦馅等
			糖油馅			白糖馅、水晶馅、冰橘馅、玫瑰馅等
			糖油蛋(糠)馅			椰丝蛋挞馅、奶黄馅、椰蓉馅、椰奶馅等
	面臊	盖浇类	炸酱类			干炸黄酱
			打卤类			什锦打卤、茄子余卤、番茄蛋卤
			烹炒类			雪菜虾仁面臊、银芽面筋面臊
		汤料类	兑汁类			肉丝汤、清汤
			炝锅类			肉丝炝锅、窝蛋炝锅
			烧烩类			砂锅什锦、砂锅海鲜
		凉拌蘸汁类	凉拌类			芝麻酱汁、怪味汁
			蘸汁类			番茄蘸汁、羊汤蘸汁
		焖炸类				三丝焖面、肉丝焖面、豆角焖面

单元二　咸馅制作工艺

咸馅馅心的口味以咸为基本味。按照所用原料的性质分为荤馅、素馅、荤素馅和三鲜馅四大类。咸馅包括生馅、熟馅和生熟混合馅的不同制法。

一、咸馅制作的基本要求

❶ 做好选料和初步加工　咸馅主要有荤、素两大类。荤馅多用家畜、家禽、水产品做原料;素馅多用新鲜蔬菜和干菜做原料。无论荤、素原料都以选用质嫩新鲜的为好。选料后要做好初步加工处理,去掉原料中所有的不良味道和不能食用的部位。

❷ **做好原料的加工形态**　不论荤、素,咸味馅的原料一般都要加工成细碎小料,如细丝、小丁、粒、末、蓉、泥。否则会直接影响成品的质量。

❸ **掌握正确的调制方法**　咸味馅调制主要有生拌和熟拌两种方法。

(1)生拌:素馅生拌水分大、黏性差,可采取挤水、压水或加干料吸水的方法,减少馅心的水分,增加黏性则可添加油脂、酱类或鸡蛋等。荤馅生拌油脂重,水分少,黏性过足,可采用掺水(掺冻)或加新鲜蔬菜及调味品的方法,降低油性和黏性,使馅心水分、黏性保持适当,包入坯皮中后,经熟制达到鲜嫩、汁多、味美的效果。

(2)熟拌:素馅熟制多用干制菜,水分少,黏性更差,要进行初步热处理和煸炒烹制,因干制菜经脱水后比较干硬,直接做馅心则干硬易散,不易包捏成型和成熟,也影响馅心的口味,所以需经加热回软后方可调制。荤馅熟制需根据原料性质分别进行加热烹制,馅心多需勾芡处理,吸收溢出的水分,增加馅心的黏性。只有这样才能保持馅心脆嫩,鲜美入味。

二、咸馅制作的基本流程

咸味馅的口味是以咸鲜味为主。在馅心制作中咸馅用料较广、种类繁多,也是比较普遍的一种馅心。由于原料性质各异,含水量也较高,一般以拌制新鲜馅使用较好。按原料性质及加工方法不同,咸味馅可分为荤馅、素馅、荤素馅、生馅、熟馅等。

(一)荤馅

❶ **生荤馅**　生荤馅是用畜、禽、水产品等鲜活原料经刀工处理后,再经调味,加水(或掺冻)拌制而成。其特点是馅心松嫩、口味鲜香、卤多不腻。

(1)工艺流程。

选料加工→调味→加水(或掺冻)→调搅→成馅

(2)工艺要点。

①选料加工:生荤馅的选料,首先应考虑原料的种类和部位,不同种类的原料其性质不同,而同一种类不同部位的原料其特点不同。如猪肉馅大部分使用夹心肉,因为肉质细嫩,筋少且短,有肥有瘦,吃水多而涨发性强。多种原料配合制馅,要善于结合原料性质合理搭配。

对于肉馅加工,首先要选合适的部位或肥瘦肉比例搭配合适,然后剔除筋皮,再切剁成细小的肉粒。如在剁馅时淋一些花椒水,可去膻除腥,增加馅心的鲜美味道。

绞肉机绞出的肉馅比刀剁的更加细腻,同时普遍带有油脂较重、黏性过足的特点,这样虽利于包捏成型,但也会影响成品的口味与质感。因此在使用绞肉机制作生肉馅时,如果能正确掌握调味、加水(或掺冻)这几个关键,也就能顺利地解决生肉馅油腻这一难题。

②调味:调味是为了使馅心达到咸淡适宜、口味鲜美的目的而采用的一种技术手段。调味和加水的先后顺序应依原料的种类而定。调味品的选用也因原料的种类不同而有差异,有时同一种类的原料,因区域口味不同,在调味品的使用上也有不同。

调制生荤馅的调味品主要有葱、姜、盐、酱油、味精、香油,其次有花椒、大料、料酒、白糖等。调馅时应根据所制品种及其馅心的特点和要求择优选用,要达到咸淡适宜,突出鲜香。不能随意乱用,避免出现怪味、异味。

调猪肉馅应先放酱油,搅匀后依具体情况逐次加水,加水之后再依次加盐、味精、葱花、香油。因猪肉的质地比较嫩,脂肪、水分含量较多,若在加水之后再调味,则不易入味。

调羊、牛肉馅则相反。因羊、牛肉的纤维粗硬,结缔组织较多,脂肪和水分的含量较少,所以调馅时必须先加进部分水,搅打至肉质较为松嫩、有黏性时再加姜、椒、酱油等调料,搅匀后,依具体情况再适当添加水分,然后加盐搅上劲,最后加味精、葱花、香油等。

调制肉馅必须是在打水之后加盐,如过早加盐,会因盐的渗透作用使肉中的蛋白质变性、凝固而不利于水分的吸收和调料的渗透,并会使肉馅口感硬、柴老。

③加水或掺冻:加水是增加黏性、解决肉馅油脂重、使其达到松嫩目的的一个办法。掺冻是为了增加馅心的卤汁,且使其在包捏时仍保持稠厚状态、便于成型操作的一种方法。

馅心加水是使馅心鲜嫩的一个办法。但加水量的多少是个关键,水少不黏,水多则澥,都不符合要求,应视肉的肥瘦质量而定。以猪肉为例,夹心肉吃水较多,每斤可吃水4两左右,五花肉吃水量少,每斤肉吃水2两左右。加入这样的水量搅和肉馅后,能形成稠粥黏状。加水先后也很重要,加水必须在加入调味品之后进行(即先加羹、油、酱油后加水,当然盐必须在加水之后加),否则,不但调料不能渗透入味,搅拌时搅不黏,水分吸不进去,制成的肉馅既不鲜嫩也不入味。包时再加葱、味精,芝麻油等。加水拌馅是北方的常用方法。

馅心中加水应注意以下几点。第一,根据制品的特点、要求,视肉的种类、部位、肥瘦、老嫩等情况,灵活掌握加水量和调味品顺序。第二,加水时要分多次少量加入,每次加水后要搅黏、搅上劲再行下一次加水,防止出现肉水分离的现象。第三,搅拌时要顺着一个方向用力搅打,不得顺逆混用,防止肉馅脱水。第四,夏季调好的肉馅放入冰箱适当冷藏为好,包时再加葱、味精、芝麻油等。

馅心中掺冻应注意掺冻量根据制品的特点而定,纯卤馅品种其馅心以皮冻为主,半卤馅品种则要依皮料的性质和冻的软硬而定,如水调面皮坯组织紧密,掺冻量可略多;嫩酵面皮坯次之;大酵面皮坯较少。它的作用是,馅中入皮冻,馅料可以成为稠厚状,便于包捏;加热成熟溶化,馅心卤汁增多,味道鲜美。这是一种增加卤汁、便于包捏、提高口味的重要方法,在一些包捏品的馅料中,都要掺入一定数量的皮冻,而在各式汤包中,皮冻则为主要原料之一,没有它就形成不了汤包的特色。掺冻是南方经常用的做法。

馅心中的冻有皮冻和粉冻之分。皮冻就是把肉皮煮烂、剁碎,再用小火熬成糊状,经冷冻凝结而成的"冻",它在肉馅制作中是重要调料之一。所有动物的皮都含有一种叫"白明胶"的物质(属于胶体蛋白),这种物质加热融化,再冷却就能凝结成冻。所以,凡动物性原料的皮,都可以制冻,但猪的肉皮"白明胶"含量较多,一般都用它来制皮冻。

肉皮鲜味不够,在制皮冻时,如只用清水(或一般骨汤)熬制,不加其他原料,属一般皮冻。讲究的皮冻,熬好后将肉皮捞出,只用汤汁制成的冻叫水晶冻;如用猪骨、母鸡或干贝等原料制成的鲜汤再熬肉皮成冻,就成为鲜美的上好皮冻,可用于小笼包、汤包等精细点心。

一般皮冻的具体制法是:肉皮去毛洗净,放入大锅内,入清水(或骨汤),水没过原料,在旺火上煮到手指能捏碎的程度(亦可把肉皮在开水中略煮一下,取出投入冷水中浸一浸,再放回锅中熬煮,经过冷水制激后较易煮烂);取出,用刀剁碎(或用绞肉机绞碎),再放回原汤锅内,加葱、姜、黄酒(黄酒用量约肉皮量的三分之一)等,见开,移至小火慢慢地熬,边熬边撇去浮上来的油污、浮沫等。一直到熬成稠糊,盛入盆内冷冻凝结即可。在制作过程中,要注意以下几点。第一,放回原汤锅中熬时,一定要改用小火长时间加热才能把汤水中鲜味吸入皮冻内。第二,盛放皮冻的器皿必须洁净,否则极易变质。第三,制好的皮冻,不宜再接触水分,皮冻遇水就会溶化。

此外,皮冻还有硬冻和软冻之分,其制法相同,只是所加汤水量不同。硬冻加水比例为1:(1~1.5),即每斤肉皮加水1斤至1.5斤;软冻加水比例为1:(2~2.5),每斤肉皮加水2斤至2.5斤。硬冻比较容易凝结,多在夏季使用,软冻多在冬季使用。多数的卤馅和半卤馅品种都在馅心中掺入不同比例的皮冻,尤其是南方的各式汤包,皮冻是其馅心的主要原料。

粉冻是将水淀粉上火熬搅成冻状,晾凉后掺入馅心中,其目的除使馅心口感松嫩外,还为了在成型时利用馅心的黏性黏住拢起的皮褶,如内蒙古的羊肉烧卖就是如此。

（3）生荤馅实例。

实例 5-1　猪肉馅（水打馅）

①经验用料：鲜猪肉（肥四瘦六）500 克，高汤 300 克，姜末 15 克，酱油 50 克，精盐 5 克，葱末 80 克，味精 3 克，香油 50 克。

②制作工艺：将猪肉切剁成细粒放入盆内，加姜末、酱油搅拌均匀，然后将高汤分次加入，每次加汤后都要用力搅拌至有黏性再加下一次，直至全部加完，搅至肉馅充分上劲后放入精盐，搅拌均匀待用。夏季可放入冰箱适当冷藏。使用时再加葱末、味精、香油搅匀即成。多用于煮制面点，如馄饨、钟水饺等。

实例 5-2　牛肉馅

①经验用料：净牛里脊肉 1000 克，猪肥肉馅 125 克，马蹄肉 125 克，小葱 125 克，香菜 62.5 克，生粉 125 克，马蹄粉 62.5 克，生抽 6 克，老抽 6 克，蚝油 60 克，盐 18 克，味精 18 克，胡椒粉 3 克，砂糖 40 克，香油、生油各 60 克，陈皮油、陈皮碎各 30 克，柠檬叶 30 克，清水 625 克，食粉 6 克，枧水 20 克。

②制作工艺：将牛里脊肉与柠檬叶一同上绞肉机绞成肉馅，放入打馅桶内开机慢打。用清水 300 克和枧水 10 克将盐、食粉溶化，分次倒入打馅桶内打至肉馅起胶，取出装盆封好后放入冰箱冷藏腌制 1 天。将生粉、马蹄粉、味精、砂糖、胡椒粉、生抽、老抽、蚝油以及剩下的清水调成溶液；取出牛肉馅倒入打馅桶内加入枧水 10 克，用中速打至起胶，然后改成慢速，分次倒入兑好的溶液搅匀并打至起胶。将小葱、香菜、马蹄肉切碎后同肥肉馅拌匀，分次加入到打馅桶内，用慢速搅打均匀。将香油、生油、陈皮油、陈皮碎倒入盆内搅匀，慢慢倒入打馅机内搅匀即成。适用于蒸、煮、烤等面点，如牛肉烧卖、牛舌酥等。

❷ **熟荤馅**　熟荤馅是以畜、禽、水产品等原料经刀工处理后，再经烹制调味成熟馅，或将烹制好的熟肉料经刀工处理后再调拌成馅。其特点是卤汁紧，油重，口味鲜香醇厚、爽口。

（1）工艺流程。

选料→刀工处理→烹制调味→拌和成馅

（2）工艺要点。

①选料：生料选择时，水产品以鲜活为好，畜禽等原料除新鲜外，还要注意选择合适的部位。熟料多选用具有一定特色的成品料，如叉烧肉、烧鸭、白斩鸡等。此外，制作熟荤馅也常选用一些干、鲜菜如香菇、笋尖、菱白、洋葱等作为配料。

②刀工处理：熟荤馅原料加工的形态除末、粒、丁外，也有丝、片等，无论什么形状都要以细小为好，同时在切配时还要考虑到不同性质的原料在受热后收缩变形等因素，以保证制出的馅料其形态规格一致，便于烹调入味。

③烹制调味：生料烹调时，要依原料性质以及不同耐热程度分别入锅，以使各种馅料成熟一致，并保持各自应有的口感特点。熟料制馅则需按照馅心的特点和要求调制咸淡、色泽、浓度适宜的卤汁，然后趁热倒入馅料内拌匀。

④拌和成馅：用生料制作熟馅时，拌和是在烹制调味的过程中完成；用熟料制作熟馅是将烹制好的卤汁倒入切配好的熟料盆内趁热拌和，因熟料松散，容易搅拌，所以，拌匀即可，不可搅拌过度，以免卤汁稀瀣。

生料烹制时，应注意掌握以下几个方面。第一，严格控制馅料煸炒时的汤汁，掌握好汁的量。在烹制过程中，大部分原料易出现汤汁外溢的现象，使馅心的卤汁过多，给包捏成型造成一定的困难。对于这个问题，可适当加湿淀粉进行勾芡，使馅心卤汁浓稠，卤汁与原料包容在一起。第二，根据原料的不同性质，掌握好投料次序。不同性质的原料，其耐热程度是不同的。如春卷馅心，它所选用的

77

原料一般是肉丝、笋丝、韭黄三种，由于这三种原料的耐热程度不同，所以在烹制时必须先下肉丝炒，等肉丝快熟时才能下笋丝，韭黄则要在制春卷时拌入馅内。如不这样将严重影响馅心质量。第三，煸炒时火力不宜过旺，辅料可根据季节不同加以变更。第四，要掌握好调味。

自制熟馅时应注意原料的火候不可过大，以免失去馅心的风味。

（3）熟荤馅实例。

实例5-3　叉烧馅

①经验用料：叉烧肉500克，面捞芡500克（清水120克、生粉30克、鹰粟粉25克、洋葱10克、生姜5克、香菜、大葱各10克、色拉油15克、生抽30克、老抽20克、蚝油40克、砂糖90克、味精5克、胡椒粉2克、香油30克）。

②制作工艺：

制芡汁：用清水120克将生粉30克、鹰粟粉25克调匀成稀粉浆。将洋葱10克、生姜5克切片，香菜、大葱各10克切段。色拉油15克入锅上火烧热，下洋葱、大葱、香菜、生姜炸香，随即倒入清水240克，然后将生抽30克、老抽20克、蚝油40克、砂糖90克、味精5克、胡椒粉2克、香油5克放入锅中，烧开后改小火煮5分钟，端离火口，捞出所有调料，再上小火加入少许橙红色素，将稀粉浆慢慢倒入，边煮边搅成稀糊状，最后加入15克色拉油，开大火炒至生油与稠浆混合并煮到沸透上劲成包芡。

制叉烧馅：将500克叉烧肉切成指甲片大小放入盆内，倒入芡汁500克、香油25克按压拌匀即成。多用于蒸、烤制面点，如叉烧包、焗叉烧餐包等。

实例5-4　汤包馅

①经验用料：母鸡1只（2000克），净猪五花肉750克，螃蟹500克，鲜猪肉皮750克，猪骨头500克，精盐10克，白酱油50克，白糖5克，味精30克，料酒50克，白胡椒1.5克，葱末5克，姜末10克，熟猪油100克，香醋、香菜末各10克。

②制作工艺：将螃蟹刷洗干净，蒸熟后剥壳取肉。锅烧热，放入猪油、葱末、姜末、料酒、精盐、白胡椒粉，再放入螃蟹肉炒匀待用。将猪肉洗净切成片，鸡宰杀干净，猪骨洗净，一同在沸水锅中焯水，捞出后换成清水再放入烧煮，待猪、鸡肉八成熟时，取出切成0.3厘米的小丁。肉皮酥烂时捞出绞成蓉状；骨头捞出，肉汤待用。原汤过滤后放入锅中，加入肉皮蓉烧沸后再过滤，煮至汤浓稠时，放入鸡丁、肉丁同煮，撇去浮沫后加入葱姜末、调味料和炒好的蟹粉，烧沸后装盆，并不停地搅拌至冷却后放入冰箱冷藏，待凝固后用手将馅捏碎。多用于蒸制面点，如淮扬汤包等。

实例5-5　咖喱牛肉馅

①经验用料：嫩牛肉1000克，洋葱500克，咖喱粉15克，熟猪油150克，料酒25克，精盐15克，白糖10克，味精3克，鸡汤50克。

②制作工艺：将牛肉切剁成细粒，洋葱去皮洗净切成筷头丁。锅内放猪油100克上火烧热，放入牛肉、淋入料酒煸炒，至变色松散时盛出。锅内再加油50克，烧热后放入咖喱粉炒出香味，倒入洋葱炒匀后，再倒入肉末翻炒，随后加入精盐、白糖、味精、鸡汤，炒匀后勾芡出锅。多用于蒸、烤、炸、烙制品。

（二）素馅

素馅是以鲜蔬菜、干制菜或腌制蔬菜为主料制成的一种咸馅。蔬菜的叶、根、茎、瓜、果、花等都能用来制作馅心。此外，菇、笋、豆制品、鸡蛋等原料也常作为素馅的辅、配料使用。

素馅因拌制时所用的油脂不同以及是否加入鸡蛋，又分为清素馅、花素馅两种类型。所谓清素馅，即用植物油调制的素馅，不沾一点荤料，如动物油脂、香辛调料，尤其是葱蒜。花素馅一般可用猪油、米和鸡蛋等原料。这两种馅心都以季节蔬菜为主料，配以其他调味辅助原料，其中有些配料需经过油炸后才能使用，这样可使素馅味道更好。素馅以清淡不腻为特点。下面从制作工艺上将素馅分为生、熟两类加以介绍。

❶ **生素馅**　生素馅多选用新鲜蔬菜作为主料,经加工、调味、拌制后的馅心,应突出其鲜嫩、清香、爽口的特点。

(1)工艺流程。

选料择洗→刀工处理→去水分和异质→调味→拌和→成馅

(2)工艺要点。

①选料择洗:根据所制面点馅心的特点要求,选择适宜的蔬菜,去根、皮或黄叶、老边后清洗干净。

②刀工处理:馅心的刀工处理方法有切、先切后剁、擦和擦剁结合、剁菜机加工等方法。切适合于叶片薄而细长或细碎的蔬菜,如韭菜、茴香、香菜、茼蒿等;先切后剁适合于叶片大或茎叶厚实的蔬菜,如大白菜、甘蓝、芹菜、莴苣等;擦和擦剁结合适合于瓜菜、根菜和块茎类蔬菜,如菱瓜、萝卜、马铃薯等。应根据制品的要求和蔬菜的性质选择适合的刀工处理方法。

③去水分和异质:新鲜蔬菜中含水分较多,不能直接使用,须在调味拌制前去除多余的水分。通常使用的方法有两种:一是在切剁时或切剁后在蔬菜中撒入适量食盐,利用盐的渗透作用,促使蔬菜水分外溢,然后挤掉水分。二是利用加热的方法使之脱水,即开水焯烫后再挤掉水分。

此外,在莲藕、茄子、马铃薯、芋艿等蔬菜中含有单宁,加工时在有氧的环境中与铁器接触即发生褐变;青萝卜、小白菜、油菜等蔬菜中均带有异味,这些异质在盐渍或焯水的过程中都可有效去除。

④调味:去掉水分的蔬菜馅料较干散,无黏性,缺油脂,不利于包捏,因此在调味时应选用一些具有黏性的调味品和配料,如猪油、黄酱、鸡蛋等,这样不但增强了馅料的黏性,改善了口味,同时也提高了素馅的营养价值。投放调味品时,应根据其性质按顺序依次加入,如先加姜、花椒等调料,再加猪油、黄酱,然后加盐,这样既可入味,又可防止馅料中的水分进一步外溢。香油、味精等最后投入,可避免或减少鲜香味的挥发和损失。

⑤拌和:馅料调味后拌和要均匀,但拌制时间不宜过长,以防馅料塌架出水。拌好的馅心也不宜放置时间过长,最好是随用随拌。

(3)生素馅实例。

实例 5-6　萝卜馅

①经验用料:象牙白萝卜 1000 克,精盐 30 克,白糖 30 克,青葱丝 30 克,香油 20 克,味精 10 克。

②制作工艺:萝卜洗净去皮擦成细丝,加盐 30 克腌渍 30 分钟,挤去水分放入盆内,再依次加入葱丝、白糖、味精、香油拌匀即成(配料和投料标准各地均有差异)。

实例 5-7　翡翠馅

①经验用料:荠菜(或菠菜、油菜等)1000 克,冬笋 50 克,白糖 100 克,熟猪油 100 克,精盐 25 克,味精 10 克。

②制作工艺:荠菜择洗干净后焯水,然后漂凉捞出,剁碎后再挤去水分。冬笋切成细粒。将以上原料放入盆内,再依次放入精盐、白糖、猪油和味精,拌匀后即成。

❷ **熟素馅**　熟素馅多以干制菜和腌制蔬菜为主料,再配以豆制品、油面筋等,经过烹调而成馅。其特点是柔软适口、清香素爽。如雪菜冬笋馅、双冬馅等。

(1)工艺流程。

泡发、择洗→刀工处理→烹制调味→拌和成馅

（2）工艺要点。

①浸泡（发）、择洗：腌制蔬菜要根据其盐分的含量或酸度适当浸泡，并适时换水。干制菜泡发所需的具体水温和时间应根据其不同性质来决定。质干性硬的原料应提高水温或延长时间反复泡发，如香菇、干蕨菜等，遇块形较大的如干笋尖在泡软后还需切开再泡发。黄花、木耳等形态细、小或薄的原料用温水短时间泡发即可。总之，凡是干制原料都应使之最大限度地恢复原状再使用，避免没有发透而夹干使用。将泡发好的原料摘除根蒂、虫蛀、变质部分，并用清水反复洗干净。

②刀工处理：按照馅料加工要求切成丝或丁，都应以细小为好，而且主、配、辅料的形态大小一致，以便于烹调入味。

③烹制调味：熟素馅的烹调方法有两种，一是用辅料炝锅后，将主、配料全部放入煸炒，然后按顺序依次投入调料烹调至熟，再勾芡收浓卤汁并均匀地裹在馅料上。二是将辅料和调料烹制成卤汁，并勾芡将其收浓，再趁热倒入已切配好的熟馅料内拌匀。

（3）熟素馅实例。

实例 5-8　雪菜冬笋（香干）馅

①经验用料：腌雪里蕻 1000 克，冬笋（香干）250 克，虾 20 克，鸡汤 300 克，熟猪油 150 克，葱花、姜末各 25 克，料酒 10 克，酱油、白糖各 50 克，精盐 20 克，味精 10 克。

②制作工艺：雪里蕻用冷水充分泡淡，挤去水分后剁碎，冬笋切成小丁。锅内放入 50 克猪油烧热，放入笋丁和虾子煸炒，再放入料酒、酱油、精盐翻炒后倒入鸡汤，焖烧 10 分钟后盛出。锅内再放入猪油 100 克，烧热后放入葱、姜炝出香味，然后倒入雪里蕻同时加入白糖翻炒，炒透后将焖好的笋丁倒入，并加入味精，炒匀后勾芡即成。一般用于蒸类面点，如雪菜包、雪菜蒸饺等。

实例 5-9　八宝素馅

①经验用料：口蘑 50 克，香菇 50 克，荸荠 50 克，木耳 50 克，竹笋 50 克，玉米笋 50 克，青岗菌 50 克，冬菇 50 克，葱 5 克，鸡油 30 克，鸡精 12 克，生抽 5 克，姜汁 8 克，胡椒粉 10 克，料酒 6 克，白糖 5 克，香油 12 克，精盐适量。

②制作工艺：将口蘑、香菇、荸荠、木耳、竹笋、青岗菌、玉米笋、冬菇分别洗净用刀切成米粒状。锅内放入鸡油烧热，放入八素原料和调味料炒熟起锅即成。一般用于蒸类面点，如八宝珍珠饼、八宝蒸饺等。

实例 5-10　素蟹粉馅

①经验用料：胡萝卜 150 克，土豆 100 克，水发香菇 50 克，黑木耳 50 克，胡椒粉 8 克，老姜 6 克，葱 3 克，猪油 50 克，鸡精 7 克，酱油 8 克，精盐适量，香油 12 克。

②制作工艺：将胡萝卜、土豆、香菇、黑木耳分别洗净切成小颗粒，用沸水焯至断生，挤去水分。锅内放油烧热，放入胡萝卜、土豆、香菇、黑木耳和调味料，炒入味起锅即成。一般用于蒸、炸等点心类面点，如素蟹粉锅饼、蟹粉小鸡等。

❸ **生熟素馅**　生熟素馅的品种比较少，因此只介绍一个代表品种韭黄馅的制作。

实例 5-11　韭黄馅

①经验用料：韭黄 200 克，鸡蛋黄 500 克，味精 10 克，猪油 10 克，香油 10 克，精盐适量。

②制作工艺：将鸡蛋黄搅匀后放旺火蒸笼内蒸熟，取出切成米粒状。韭黄洗净切成末。将蛋粒加入调味料搅拌均匀后，再加入韭黄拌匀即成。一般用于煮、蒸、煎类面点，如鸡蛋水饺、鸡蛋软饼等。

（三）荤素馅

荤素馅是将一部分蔬菜和一部分动物类原料经加工、调味或烹调、混合拌制而成的一种咸馅。它集中了素馅和荤馅两者之长，营养搭配合理，口味协调适宜。从制作工艺方面看，其水分和黏性等也适合于制馅要求，便于成型操作，因此使用十分广泛。

荤素馅也有生、熟和生熟混合之分,生荤素馅的制法就是在调好口味的生荤馅里掺入生的蔬菜末,使用较普遍。

熟荤素馅是将动物类原料经加工烹调后,再掺入加工好的蔬菜馅料拌匀。蔬菜是否需要去水分要取决于蔬菜的品种和性质,如韭菜、蒜黄等质地细嫩、味鲜的蔬菜可加工后直接拌制成馅,而质地较粗硬、块形较大的蔬菜如白菜、萝卜、瓜类等则需去水分后才能拌入肉馅内。也有的熟荤素馅依所用各种原料的性质不同分别入锅烹制调味后制成。生熟混合馅则是在生荤馅内加入经焯水后去掉水分的熟蔬菜末或在烹调好的荤馅内加入生蔬菜末。

❶ 生荤素馅 生荤素馅是中式面点工艺中最常用的一类咸馅。几乎所有可食的畜禽类、蔬菜类原料均可相互搭配制作此类咸馅。猪肉白菜馅、猪肉韭菜馅、羊肉萝卜馅、羊肉角瓜馅、牛肉大葱馅等都是深受人们欢迎的经典品种。其特点是口味协调、质感鲜嫩、香醇爽口。

(1) 工艺流程。

调制荤馅→加工蔬菜→拌和成馅

(2) 工艺要点。

①调制荤馅:选择合适的动物性原料经刀工处理后,按照调制生荤馅的操作要求调制成馅。

②加工蔬菜:蔬菜择洗干净后,不需去水分的如韭菜、茴香等可直接切细碎,如需去水分的,可在切剁时撒一些精盐,剁细碎后再用纱布包起来挤去水分。

③拌和成馅:将加工好的蔬菜末放入调好口味的荤馅内搅拌均匀即成。

(3) 生荤素馅实例。

实例 5-12 羊肉荸荠馅

①经验用料:鲜羊肉 500 克,荸荠 200 克,韭黄 50 克,红酱油 10 克,海米 10 克,口蘑 20 克,白糖 3 克,胡椒粉 6 克,甜面酱 8 克,味精 8 克,料酒 7 克,精盐适量,香油 20 克。

②制作工艺:将羊肉洗净用刀剁成蓉。荸荠、口蘑、韭黄、海米分别洗净切成细粒。羊肉蓉加入调味料搅拌均匀,再加荸荠、口蘑、韭黄、海米拌匀即成。一般用于蒸、煮、煎等熟制类面点,如羊肉水饺、羊肉青菜饺等。

实例 5-13 三丁馅

①经验用料:鲜牛肉 100 克,鸡肉 100 克,猪瘦肉 100 克,冬笋 100 克,香菇 50 克,酱油 8 克,胡椒粉 6 克,料酒 10 克,葱 10 克,姜 6 克,鸡精 8 克,精盐适量,香油 12 克。

②制作工艺:将鲜牛肉、鸡肉、猪瘦肉分别洗净切成丁粒状。冬笋、香菇分别洗净切成绿豆大的粒,葱、姜切末。将牛肉、鸡肉、猪瘦肉粒加调味料搅拌均匀,再加冬笋、香菇、葱、姜拌匀即成。适用于蒸、煎等熟制类面点,如三丁蒸饺、三丁煎包等。也可作面臊用。

❷ 熟荤素馅 熟荤素馅的特点是制作精细、色泽自然。依烹制方法的不同,其口感或干香爽口,或细嫩清爽,味道幽香。

(1) 工艺流程。

原料加工→烹制调味→拌和成馅

(2) 工艺要点。

①原料加工:除将动物类原料按照馅心的要求或切成丝、片,或切、剁成丁、粒、末外,还要将鲜、干或腌制蔬菜等配料以及辅料择洗、泡发或焯水后,再按要求切剁好。

②烹制调味:按照不同馅心的特点要求采用适当的烹调方法,如干煸、清炒、滑炒等,并掌握各种

原料及调料的投放时机,以突出各自的特色。

③拌和成馅:主、配料都需烹制的馅心,其拌和是在烹调中完成,个别馅心主料是动物性原料和配料是蔬菜的,应分别进行烹调和焯水处理后再拌和在一起。

(3)熟荤素馅实例。

实例5-14　梅干菜肉馅

①经验用料:猪肉(肥四瘦六)1000克,梅干菜250克,笋尖150克,熟猪油100克,葱末15克,姜末5克,酱油50克,料酒25克,精盐、白糖各10克,味精3克。

②制作工艺:将猪肉切成筷头丁,梅干菜泡发开,洗去泥沙,泡淡洗净剁成碎末;笋尖切成细粒。锅内放油烧热,葱姜末炝锅,放入肉丁煸炒,待炒散时,放入梅干菜、笋粒,炒匀后加料酒、酱油翻炒,然后加白糖、精盐、味精,炒至汁将干时盛出即成。

实例5-15　芽菜肉馅

①经验用料:猪肥瘦肉500克,芽菜150克,红酱油8克,姜汁6克,胡椒粉3克,白糖2克,香油8克,味精5克,葱末5克,精炼油20克,精盐适量。

②制作工艺:将猪肥瘦肉洗净切成绿豆大的粒,芽菜洗净切粒。锅内放油烧热,投入猪肉粒炒散,再加入调味料、芽菜炒匀起锅,拌入葱末即成。适用于蒸、煎类面点,如芽菜包子、芽菜发面饼等,也可作面臊用。

实例5-16　冬菜肉馅

①经验用料:猪腿肉500克,四川冬菜300克,生姜10克,葱20克,料酒10克,酱油5克,盐3克,味精2克,胡椒粉2克,香油10克,白糖30克。

②制作工艺:将猪腿肉、冬菜、葱、姜分别切末,将猪肉末入锅上火煸炒干,倒入冬菜、姜末炒香,再加入各种调料炒匀,出锅冷却后拌入葱末备用。适用于蒸、煎类面点,如冬菜包子,也可做面臊用。

实例5-17　芋角馅

①经验用料:瘦肉150克,熟肥肉50克,生虾肉75克,熟虾肉50克,水发冬菇25克,鸡肝25克,叉烧肉25克,鸡蛋75克,味精5克,胡椒粉1.5克,白糖7.5克,生抽10克,马蹄粉15克,精盐5克,生油25克,香油2.5克,二汤200克,料酒5克。

②制作工艺:先将瘦肉、熟肥肉、叉烧肉、生虾肉、熟虾肉、水发冬菇切成细粒。鸡肝用沸水烫至刚熟,也切成细粒。将瘦肉、生虾肉加入湿马蹄粉和匀,入锅泡油捞起,然后把水发冬菇粒炒香,将所有肉类一同下锅,加料酒,加入二汤、精盐、白糖、生抽、味精、胡椒粉、香油炒匀,用湿马蹄粉勾芡,下调匀的鸡蛋液拌和,再加入生油调匀即可。

此馅一般放入方瓷盘内,入冰箱冷冻后切成方块使用。一般用于煎、烤等小吃类面点,如芋角盒子、芋角锅贴等。

❸ 生熟荤素馅　生熟荤素馅是将焯水后的熟菜末掺入调好口味的生荤馅内,或是将加工好的生菜末拌入烹调好的熟荤馅内,或与切配好的成品熟肉拌制成馅。虽将主、配料的其中一种加工制熟,但其口感、味道仍不失协调柔和,鲜嫩爽口。

(1)工艺流程。

原料加工→焯水或烹制→调味→拌和成馅

(2)工艺要点。

①原料加工:将肉按照所制馅心的特点加工成要求的形态,蔬菜择洗干净后,无需焯水的直接加工成型,需焯水的先切成小块料或擦成丝。

②焯水或烹制:将加工好的蔬菜下开水锅中焯熟,捞入凉水盆中过凉,挤去水分剁碎。熟肉生菜

混合馅要将加工好的肉上火加热烹制调味。

③调味：生肉熟菜混合馅需将加工好的肉按照不同肉馅的调制方法调好口味。

④拌和成馅：将加工好的主、配料按要求混合拌制成馅。

（3）生熟荤素馅实例。

实例 5-18　豆芽猪肉馅

①经验用料：猪肥瘦肉（肥二瘦八）500 克，豆芽 150 克，蚝油 6 克，胡椒粉 8 克，鱼露 6 克，姜汁 5 克，葱末 6 克，香油 10 克，精盐适量。

②制作工艺：将猪肥瘦肉洗净用刀剁成蓉。豆芽去瓣去根洗净切细，用沸水焯至断生，挤去水分。猪肉蓉加调味料搅拌均匀，再加入豆芽拌匀即成。一般用于蒸、煎等类面点，如豆芽包子、豆芽蒸饺等。

实例 5-19　鸡肉馅

①经验用料：净鸡肉 500 克，猪肥肉蓉 50 克，冬笋 50 克，香菇 60 克，葱 10 克，姜汁 6 克，料酒 5 克，酱油 12 克，味精 7 克，胡椒粉 8 克，精盐适量，香油 10 克。

②制作工艺：将净鸡肉去皮用刀剁成蓉。冬笋、香菇用沸水煮后沥干切成小颗粒。葱切成细末。鸡肉蓉、猪肥肉蓉放容器中加入调味料搅拌均匀后，再加冬笋、香菇拌匀即成。一般用于蒸、煮、炸等面点，如鸡肉锅贴、鸡肉小包等。

实例 5-20　叉烧鸭肉馅

①经验用料：叉烧鸭 500 克，甜面酱 2 克，蘑菇 200 克，花生酱 3 克，喼汁 2 克，葱 15 克，白糖 2 克，姜汁 5 克，精盐适量，香油 5 克。

②制作工艺：将叉烧鸭切成小丁。蘑菇用沸水煮熟，沥干水分，切成小丁。叉烧鸭丁加调味料拌匀，再加蘑菇丁拌匀即成。一般用于包类、饼类面点，如叉烧鸭饼、叉烧鸭包等。

（四）三鲜馅

三鲜馅是用较高档的海味原料经过加工、配制、调味而制成的一类较为讲究的咸馅。根据配制的种类或比例的不同，三鲜馅可分为海三鲜、肉三鲜、半三鲜和素三鲜四种。

❶ 海三鲜　海三鲜又称"净三鲜"，是以三种海味原料为主，配一种时令蔬菜制成。其比例为三种海味原料各占 1/3，因此是档次最高的一种咸馅。其特点是质感滑嫩松爽，口味咸鲜清香。

（1）工艺流程。

选料加工→腌制→调味拌制→成馅

（2）工艺要点。

①选料加工：制作海三鲜馅的主要原料以鲜活为好，也可以配一种干制海味原料，如鲜活的鱼、虾、蟹、贝类等，发好的海参等。鲜活原料都需经过去皮、刺或挑虾线、去沙或去壳取肉等工序，然后再切成黄豆大的丁，发好的干海味原料和时令蔬菜也切成同样大的丁。

②腌制：将加工好的三种海味原料放盆内，加料酒、姜汁、精盐、味精等抓匀，腌制 30 分钟。

③调味拌制：在腌制好的主料盆内加其他调料调好口味，再放入蔬菜拌匀即成。

（3）海三鲜实例。

实例 5-21　海鲜馅

①经验用料：鲜虾仁 200 克，鲜贝 200 克，水发海参 200 克，青韭 200 克，料酒、姜汁、精盐、生抽各 10 克，味精 5 克，胡椒粉 2 克，香油 15 克。

②制作工艺：将虾仁去虾线洗净，与净鲜贝、海参分别切成黄豆大的丁，放入盆内，加料酒、姜汁、精盐腌制 30 分钟。青韭择洗干净切好。在腌制号的馅料内放入胡椒粉、生抽搅匀，再放入味精、香

油搅匀,最后放入青韭拌匀即成。

实例 5-22   鱼翅馅

①经验用料:水发鱼翅 250 克,鲜贝 100 克,鸡肉 30 克,海蟹肉 200 克,香菇 15 克,蘑菇 25 克,玉米笋 18 克,胡萝卜 20 克,酱油 10 克,老姜 5 克,胡椒粉 12 克,鸡精 10 克,香油 15 克,料酒 6 克,精盐适量。

②制作工艺:先将鱼翅、香菇、蘑菇、玉米笋、胡萝卜分别洗净,切成细粒状。鲜贝、鸡肉、海蟹肉分别用刀剁成蓉。将香菇、蘑菇、玉米笋、胡萝卜分别入沸水焯至断生捞出。将含水的馅料挤干水分,加入其余原料和调味品搅拌均匀即成。一般用于炸、煮、烤等面点,如鱼翅脆皮角、鱼翅馄饨等。

❷ **肉三鲜馅**   肉三鲜馅是以两种海味原料配一种肉和一种蔬菜制成。其选料鲜活、干制海味均可,肉原料则猪、鸡肉均可。其配料比例以四种原料各占 1/4 为好,也可海味和肉各占一半,配少量蔬菜制成。其特点是鲜嫩香醇。

(1) 工艺流程。

原料加工→腌制→调味→拌和成馅

(2) 工艺要点。

①选料加工:将海味、肉、蔬菜等按制馅要求分别清洗、加工。

②腌制、调味:将加工好的海味和肉分别腌制和调味。

③拌和成馅:将三种原料调和在一起即成。

(3) 肉三鲜实例。

实例 5-23   三鲜馅

①经验用料:鲜虾仁 200 克,水发海参 200 克,猪肉(或鸡肉)200 克,笋尖 100 克,蒜薹 100 克,料酒、姜汁、精盐各 10 克,生抽 15 克,高汤 70 克,味精 5 克,胡椒粉 2 克,葱花 25 克,香油 15 克。

②制作工艺:虾仁、海参切丁放盆内加料酒 10 克,姜汁、精盐各 5 克腌制 30 分钟。笋尖和蒜薹洗净切成筷头丁,分别焯水过凉控干水分备用。猪肉另放盆内加姜汁、胡椒粉、生抽搅匀,再分次加入高汤搅至有黏性,然后加精盐搅上劲,再加味精、葱花、香油搅匀。最后将三种原料倒在一起拌匀即成。一般用于蒸、炸等类面点,如三鲜饺、三鲜酥层饼等。

实例 5-24   瑶柱馅

①经验用料:瑶柱 300 克,猪肥瘦肉 100 克,鸡腿菇 200 克,酱油 7 克,葱 10 克,料酒 8 克,姜汁 5 克,味精 4 克,香油 6 克,精盐适量,虾油 6 克。

②制作工艺:瑶柱洗净后入碗,放入姜汁、葱、料酒入笼蒸 10 分钟取出,趁热压成丝剁细。猪肉洗净,用刀剁成蓉。鸡腿菇洗净切成细粒,用沸水焯至断生后挤干水分。猪肉加瑶柱,放入调味料搅拌匀,再放入鸡腿菇拌匀即成。一般用于包子、炸饼、酥点等面点,如瑶柱包子、油酥瑶柱饼等。

实例 5-25   鱼子馅

①经验用料:虾仁 250 克,鱼子 300 克,猪瘦肉 200 克,香菇 120 克,韭黄 40 克,葱 6 克,姜汁 8 克,胡椒粉 10 克,料酒 6 克,酱油 10 克,五香粉 6 克,香油 9 克,色拉油 20 克,精盐适量。

②制作工艺:先将猪瘦肉洗净用刀剁成蓉状。虾仁洗净,用刀切成小颗粒,香菇洗净用沸水焯后切成细粒。韭黄洗净沥水用刀切细末。猪肉蓉、虾仁、鱼子放容器中拌匀,先加入调味料搅拌均匀,再加入香菇、韭黄拌匀即成。一般用于蒸、炸、煎等面点,如鱼子鸳鸯饺、薄皮鱼子小包等。

❸ **半三鲜**   半三鲜即以肉为基础,只含有一种海味原料,再配以适量炒熟的鸡蛋和少量的蔬菜制成。半三鲜虽质量较低,但使用较为普遍。其选料以猪肉、鲜虾仁为多,蟹肉、贝类肉也较多,也有用海米、湖米等。其配料比例一般为肉五成,海味、鸡蛋、蔬菜共五成。半三鲜馅的特点是营养丰富、

口感舒适、味道鲜美。

（1）工艺流程。

> 原料加工→腌制、调味→拌和成馅

（2）工艺要点。

①原料加工：鲜海味的加工同海三鲜，海米、湖米等需用温水泡发后剁碎，鸡蛋炒熟剁碎，肉、菜同前。

②腌制、调味：海味和肉的腌制、调味同肉三鲜。

③拌和成馅：将所有加工好的原料放在一起拌匀即成。

（3）半三鲜实例。

实例 5-26　韭黄三鲜馅

①经验用料：猪肉 300 克，鲜虾仁 100 克，炒熟的鸡蛋 100 克，韭黄 100 克，料酒、姜汁各 5 克，姜末 10 克，生抽 25 克，高汤 80 克，精盐 10 克，味精 5 克，香油 15 克。

②制作工艺：虾仁和猪肉的加工、腌制、调味同肉三鲜。韭黄择洗干净切碎，鸡蛋炒熟剁碎。最后将所有原料放在同一盆内拌匀即成。

实例 5-27　百花馅

①经验用料：生虾肉 500 克，肥肉 100 克，蛋白 10 克，白糖 10 克，精盐 7.5 克，味精 7.5 克。

②制作工艺：先将虾肉洗净，用干布擦干水，用刀将虾肉斩烂成蓉，下精盐，搅拌至起胶待用。将肥肉切成细粒，同虾胶一起放入有盖的盆中，加入蛋白拌匀，然后盖上盖，放进冰箱冰冻。制作点心前将馅从冰箱取出，再加入味精、白糖拌匀即可。多用于蒸、煎、炸制面点，如百花酿椒子等。

❹ **素三鲜**　素三鲜以具有鲜味的菌类原料香菇和植物性原料鲜笋为基础，再配以适量蔬菜制成。素三鲜馅不宜选用有特殊气味的原料如茴香、萝卜等为主要原料。其特点是无动物脂肪，口感清爽、味道鲜美。

（1）工艺流程。

> 原料加工→拌和→调味成馅

（2）工艺要点。

①原料加工：菌类涨发要透彻，杂质清理要干净，全部原料要切碎脱水。

②适量加油：由于素三鲜的原料中没有动物脂肪，所以馅心易散碎不成团而影响上馅和成型工艺，所以馅心拌制中可适量多加一些植物油。

单元三　甜馅制作工艺

甜馅，馅心的口味以甜为主。它是以糖为基本原料，再配以各种水果、干果、果仁、花卉、蜜饯、油脂以及各种豆类或某些根茎类蔬菜等原料，采用各种调味或烹制方法制成的馅心。

一、甜馅制作应遵循以下要求

❶ **选料和初步加工**　甜馅多以糖和各种水果、干果、蜜饯及果仁等作为原料，相互配合使用。由于保管和存放的关系，这些原料易受到虫伤鼠害而出现部分霉烂变质的现象，在选料时，需加以注

意,对已发生霉变的原料要去掉,并除去泥沙、杂物等,尽量选择质优的原料。一般来说,原料带有皮、壳、核等不能食用的部分要除去,如核桃要去壳、去皮;莲子要去掉外皮、苦芯;大枣要去皮、核等,原料的加工要细致认真。

❷ 原料的加工形态 甜馅原料的加工也是以细碎小料为好,一般分为泥蓉和碎粒两种。泥蓉是将果料分别采取不同的加工方法,如蒸煮烂成泥,或搓擦、磨碾成泥(有的还需筛洗过滤),然后经过油炒去水加糖,增加亮度和滋味。碎粒就是斩细剁碎,有的品种在斩细剁碎之前需经过水泡、油炸、炒熟等过程,如五仁馅等。为了使馅心达到色、味、形俱佳的要求,要严格掌握火候。

二、甜馅的类别

按照原料和工艺特点,甜馅大致可分为泥蓉馅、果仁蜜饯馅、糖油馅和鲜果花卉馅四大类。

(一)泥蓉馅

泥蓉馅是以植物的果实、种子、根茎等为原料,如豆类、莲子、红枣、山药、冬瓜、南瓜、薯类、芋芳等,经过去皮、去核,采用蒸、煮等方法加工成泥或蓉,再用糖、油炒制或直接调味或简单拌制而成的一种甜馅。它的特点是绵软细腻,香甜爽滑,并带有不同果实的浓郁味道。

从制作工艺上看,泥与蓉基本相同,但从性状上看,泥稍粗且略稀软,蓉则细而稍稠硬。现较常用的泥蓉馅有豆沙馅、枣泥馅、薯泥馅、莲蓉馅和果蓉、果酱馅。

❶ 工艺流程

选料→去核、去皮→蒸、煮→制泥、蓉→{ 炒制调味
直接调味或拌制成馅

❷ 工艺要点

(1)选料:包括两个方面。一是主料的选择,如做豆沙馅要选择粒大皮薄、红紫发亮的赤豆(北方称红莲豆);做枣泥馅应选择个大肉厚且核小的红枣或蜜枣、黑枣;莲蓉馅应选择去皮去芯、个大色亮的莲子;薯泥馅应选择个头适中,皮光滑、黄色且少筋的红薯或马铃薯。二是辅料的选择,即糖和油的使用要依所制馅心的特点而定。如豆沙馅和枣泥馅的色泽呈黑紫或深褐色,那么糖、油色泽深浅均可;而莲蓉馅、果蓉馅和薯泥馅等要保持馅料本来的色泽,因此就必须选择白糖和浅色的植物油,同时还必须用不锈钢锅炒制,以避免炒制时馅心变色。

(2)去皮核:植物类的果实、种子、根茎,一般都有皮、有核,先要去除干净才能制馅。有的果实、种子、根茎的皮核,经过简单的刮、削、剥比较容易去掉,但有些植物的果实、种子、根茎的皮核要采取浸泡、水煮的方法才能去掉。如杏仁去皮,红枣去皮核,莲子去外皮、苦芯。

(3)熟制:熟制方法一般采用蒸和煮,其目的是使原料在加热的过程中充分吸收水分便于成熟并且变得绵软,以便于下一步制作混蓉。通常果实和根茎类原料如水果、薯类、枣类、鲜果品以及个别种子如莲子等适宜用蒸的方法,蒸时要火旺汽足,一次蒸好。而多数种子类原料如豆类、栗子、花生等因质地干硬,则适宜用煮的方法。煮时要先用旺火烧开,再改用小火焖煮。

(4)制泥蓉:制泥蓉的方法除制馅工厂有专门的机械设备外,多数则以手动加工为主。其方法有三,第一是采用细网筛搓擦、加工过滤,滤出皮、核,同时使沙、泥沉淀,再滤去清水,将湿沙泥装入布袋内挤压除去水分。第二对于蒸熟的薯类、果品可采用刀、勺、擀面杖等工具用压、碾的方法使原料细腻而不夹颗粒。第三用绞肉机绞,速度快,出泥率高,但馅料比较粗糙,所以,制作时要多绞几遍。

(5)调味:对于泥蓉馅而言,很多馅心的制作需要进行炒制,目的是增加馅心香气和收干原料的水分,便于储藏和加工使用。炒制的泥蓉馅心色泽有两种,一种是要求保持本色,另一种是要求转

色,因此炒制的方法有所不同。

本色的炒法是将锅烧热,放相当于馅心的 1/3 的食用油。油热下糖,糖稍为溶化即可倒入备好的泥蓉,不断用铲推动翻炒,炒至稠浓时,再逐次添加食用油推炒至匀。

转色的炒法,一种是与本色的炒法基本相同,不过在炒制的时间上略为延长些,以使馅心转色;另一种方法是将锅烧热,先放一部分食用油,烧至冒烟,放一部分糖炒色,糖呈红色时,倒入泥蓉,改用中火烧至浓稠状,继续放一部分食用油和糖炒;炒到水分快干时,再继续放剩下的食用油和糖后直至炒好。这种炒法中,油、糖分三次下,第一次下糖叫炒糖色,第二次下糖叫转色,第三次下糖叫增味。

馅心在炒制加工工艺中,总的要求有两个,一是馅心中的水分在炒制过程中必须蒸发掉,否则不易保存,容易变质。水分是否蒸发,除看馅心在锅中冒气的大小外,还要看馅心在锅中的状态。在足够食用油下炒制的馅心,如果水分快蒸发干时,馅心在锅中铲推,基本不黏铲、不粘锅,整个馅心在锅内能旋转,行话叫悬锅。二是馅心不能有焦糊味,因而要控制好火候,先一阵大火后,改用中火,然后再改小火。如火过大,糖液起急泡,容易烫伤人,馅心快好时改用小火,以免烧焦。炒时要用锅铲不停地推炒,铲与锅底相贴,以免使锅底部的馅变糊。

在炒好的馅料内加入玫瑰、桂花酱或熟芝麻仁、榛子仁、松仁等具有芳香气味的原料,以丰富馅料的口味特色。但必须是在馅料出锅晾凉后进行,或在使用时加入,以免香味遇热或长时间存放挥发。

泥蓉馅的调味一部分可以直接调味拌制成馅,如苔泥馅;另一部分则需要进行简单的加热增稠成馅,如南瓜馅、香蕉馅等。

❸ **用料比例** 制作泥蓉馅时应在主料和辅料间掌握恰当的比例。通常有以下两种情况。

(1)主料本身不含糖分:如莲子、山药、马铃薯和各种豆类,用这些原料做泥蓉馅时,主料和糖的比例应为 1:1~1.5。

(2)主料含有糖分:如红枣、蜜枣、红薯、水果等,因其本身甜度较高,制馅时主料与糖的比例应掌握在 1:0.5~0.8。另油脂的使用量通常以 1:0.3 为准,但制作果蓉或果酱馅时,因多数水果都含有较多果胶,因此不加或少加油脂。

❹ **泥蓉馅实例**

实例 5-28 荔(芋)蓉馅

(1)经验用料:荔浦芋头 1000 克,白糖 1000 克,猪油 150 克,生油 150 克。

(2)制作工艺:先将芋头去皮蒸熟后压烂,然后绞成泥。将蓉泥、白糖放入铜锅中用中小火炒,待水分将尽时,加入 1/2 的油脂,边加边铲炒至蓉泥起蜂巢状时,再加入剩余的 1/2 的油脂铲炒均匀,随即取出一点蓉泥待冷,用手摸一下,如不黏手,立即离火,盛装即成。一般用于蒸、烤类面点,如玉蓉龙眼酥、玉蓉佛手等。

实例 5-29 奶油冬蓉馅

(1)经验用料:老冬瓜 6 千克,白糖 1.2 千克,麦芽糖 150 克,奶油 200 克,猪油 200 克,澄粉 80 克。

(2)制作工艺:冬瓜削去皮、去瓤、去籽,洗净切成小块,入绞肉机内绞成蓉状,将绞好的冬瓜蓉用纱布包好,挤压掉冬瓜蓉中的水分,挤干挤净。炒锅烧热,放入猪油烧热,把白糖与冬瓜蓉放入,边炒边加麦芽糖,炒至馅心水分基本收干时,下入奶油和澄粉,炒拌均匀起锅即成。适用于烤、蒸类面点,如冬蓉珍球、冬蓉万字酥等。

实例 5-30 豌蓉馅

(1)经验用料:鲜嫩豌豆 500 克,白糖 300 克,黄油 150 克,薄荷香精 1~3 滴,吉士粉 30 克,清水 150 克。

（2）制作工艺：将鲜嫩豌豆洗净煮熟，磨成蓉。清水入锅，放入白糖熬化，再放入黄油、豌豆蓉、吉士粉，搅拌浓稠，滴入香精调匀起锅晾凉即可使用。一般用于蒸、烤类包馅面点，如秋叶包子、寿桃等。

实例 5-31　豆蓉馅

（1）经验用料：绿豆 500 克，白糖 600 克，猪油 100 克，黄油 50 克，精盐 10 克，清水 200 克。

（2）制作工艺：将绿豆淘净炒熟，用机器打成粉。锅内放清水、白糖熬化，加绿豆粉、猪油、黄油、盐，用小火炒至吐油即成。一般用于蒸、烤、酥制等点心类包馅面点，如豆蓉蜻蜓饺、豆蓉刺猬包等。

实例 5-32　苔泥馅

（1）经验用料：红心苔 500 克，哈密瓜 80 克，白瓜 50 克，色果 50 克，猕猴桃 40 克，油酥腰果 50 克，白糖 250 克，猪油 120 克，熟芝麻 20 克，精盐 2 克。

（2）制作工艺：将哈密瓜、白瓜、色果、猕猴桃分别去皮去籽切成豌豆大的粒。腰果打成粉。红心苔去皮，用旺火入笼蒸熟，压成泥，用猪油入锅炒至翻沙吐油起锅，加白糖、白瓜、哈密瓜、色果、猕猴桃、腰果、盐、熟芝麻搅拌均匀即成。一般用于蒸、煮、烤类包馅面点，如苔泥包子、苔泥酥饼等。

实例 5-33　香蕉馅

（1）经验用料：香蕉 500 克，白糖 200 克，吉士粉 30 克，三花淡奶 2 罐，香蕉香精 1～2 滴，奶油 10 克。

（2）制作工艺：将香蕉去皮用刀压成蓉。锅内放入三花淡奶、奶油、白糖、香蕉蓉煮开，加吉士粉、香精搅匀成浓稠状至熟时起锅即成。一般用于蒸、烤类面点，如香蕉酥、香蕉炸包等。由于酶促褐变的影响，香蕉馅的颜色问题一直不能很好地解决，这是需要探讨的问题。

（二）糖油馅

糖油馅是以白糖或红糖为主料，再通过掺粉、加油脂和调配料制成的一类甜馅。制作糖油馅使用的配料相对较少而单一、成本低廉、制作简单、使用方便，并通过不同调味料的使用而形成较多的风味，因此是制作面点常用的一类甜馅，如玫瑰白糖馅、桂花白糖馅、水晶馅等。

❶ 工艺流程

选料→加工→配料→拌和→成馅

❷ 工艺要点

（1）选料：白糖中的绵白糖和细砂糖以及红糖、赤砂糖均可作为糖油馅的主料，但要依据不同制品的具体特点有选择性地使用。粉料则面粉、米粉均可，面粉多选择低筋粉，而米粉多以籼米粉、粳米粉。油脂的使用也较为普遍，动物油中的猪板油、熟猪油，植物油中的香油、胡麻油、豆油都可依糖油馅的特点或地方风味来选用。糖油馅的种类都是根据所加的调配料不同而形成，因此，制作糖油馅的调配料多选用具有特殊香味的原料，如芝麻仁、玫瑰酱、桂花酱以及不同味型的香精、香料等。

（2）加工：存放过久的白、红糖品质坚硬，需擀细碎。麦、米粉需烤或蒸熟过箩，但要注意不可上色或湿、黏。拌制糖油馅的油脂无需加热，多使用凉油，猪板油则需撕去脂皮，切成筷头丁。如使用芝麻仁制馅，必须炒熟并略擀碎，香味才能溢出。

（3）配料：糖油馅以糖、粉、油为基础，其用量通常为糖 500 克、粉 150 克、油 100 克。但有时因品种特点不同或地方风俗不同其比例也有差异。拌制不同类型的糖馅所加的各种调配料应适度，如玫瑰酱、桂花酱以及各种香精香味浓郁，多放会适得其反。

（4）拌和：将糖、粉拌和均匀后开窝，中间放油脂及调味料，搅匀后搓擦均匀，如糖馅干燥可适当加些水。

❸ 糖油馅实例

实例 5-34　桂花白糖馅

（1）经验用料：白砂糖 500 克，熟面粉 50 克，青红丝 25 克，糖桂花 15 克，水、植物油适量。

（2）制作工艺：先将青红丝切成碎片，将其他原料拌和在一起，根据原料干湿情况可适当加点水调和，最后加进青红丝用力擦拌均匀即成。一般用于蒸类面点比较多，如糖三角、糖包等。

实例 5-35　水晶馅

（1）经验用料：细白砂糖 500 克，猪板油 500 克，桂花酱 50 克，白酒 25 克，青梅 50 克。

（2）制作工艺：将猪板油撕去脂皮，片成 5 毫米厚的大片，然后在案上铺一层白糖，白糖上摆一层板油，在板油上再撒一层白糖，并用面杖稍加擀压，使脂油的两面都嵌进一层白糖。如此将所有的板油片都做完，而后切成 5 毫米宽的条，再切成见方的小丁。用白酒将桂花酱稀释、过滤、去掉渣，淋洒在糖脂油丁上拌匀。青梅切成 3 毫米大的小丁拌入脂油丁内，再将其装入小口坛子内封口，放置 2 天即可。一般用于烤、蒸类高级面点，如水晶月饼、水晶虾饺等。

三、果仁蜜饯馅

果仁蜜饯馅是以果仁、蜜饯、果脯为主料，经加工后与白糖拌和而成的一类甜馅。其特点是松爽甘甜，并带有不同果料的浓郁香味。由于我国南北物产的差异，果仁蜜饯馅在原料的选用及配比、制馅的方法上各地均有所不同。如有以瓜子仁为主的瓜子馅，有以鲜葡萄和葡萄干为主的葡萄馅，还有以各种果仁蜜饯相搭配制成的五仁馅、八宝果料馅等，通过众多原料的合理搭配，可制作出风味各异的甜馅，因此甜馅也是面点制作中常用的馅心。

❶ 工艺流程

选料→加工→配料→拌和→成馅

❷ 工艺要点

（1）选料：果仁的种类较多，常用的有核桃、花生、松子、榛子、瓜子、芝麻、杏仁以及腰果、夏威夷果等。多数果仁都含有较多脂肪，易受温度和湿度的影响而变质，所以制馅时要选择新鲜、饱满、色亮、味正的果仁。蜜饯与果脯的品种也很多，通常蜜饯的糖浓度高，黏性大，果脯相对较为干爽，但存放过久会结晶、返砂或干缩坚硬，所以，使用时要选择新鲜、色亮、柔软、味纯的蜜饯果脯。

（2）加工：果仁需经过去皮、熟制、破碎等加工过程，具体的加工方法因原料的不同特点而有所不同。如花生仁、松仁等，要先经烘烤或炸熟后再搓去外皮；而桃仁、杏仁等则需先清洗浸泡，然后剥去外皮再烤或炸熟。较大的果仁还需切或拍压成碎粒。较大的蜜饯果脯都需切成碎粒以便使用。

（3）配料：因果仁、蜜饯、果脯的品种很多，配馅时，既可以用一种果仁或蜜饯、果脯配制馅心，如桃仁、松仁馅、红果、菠萝馅等；也可以用几种果仁、蜜饯果脯分别配制出如三仁、五仁馅，什锦果脯馅等；还可以将果仁、蜜饯、果脯同时用于一种馅心，即什锦全馅。配制果仁蜜饯馅以糖为主，除按比例配以果仁、蜜饯、果脯外，有时还需配一定数量的熟面粉和油脂，具体的比例以及油脂的选择应视所制馅心使用果仁、蜜饯或果脯的多少和干湿度及其馅心的特点而定。

（4）拌和：将加工好的果仁、果脯、蜜饯与擀过的糖、过箩的熟粉以及适合的油脂拌和搓擦成既不干也不湿，手抓能成团时方好。

❸ 果仁蜜饯馅实例

实例 5-36　冰橘馅

（1）经验用料：冰糖渣 100 克，蜜橘饼 80 克，白糖 500 克，猪网油 5 克，熟面粉 50 克，花生油 100

克,饴糖 20 克,熟芝麻粉 50 克。

(2)制作工艺:将橘饼切成细粒状。猪网油洗净用刀剁成泥。将白糖、熟面粉、熟芝麻粉、冰糖渣、蜜橘饼拌和均匀,再加花生油、饴糖、网油泥搓揉均匀,装模具箱压紧,切方块即成。

同种方法还可做以瓜子仁为主要原料的瓜子仁馅和以葡萄干为主要原料的葡萄馅。一般用于烤、煮等类面点,如冰橘月饼、冰橘汤圆等。

实例 5-37　麻仁(蓉)馅

(1)经验用料:白糖 500 克,芝麻仁 15 克,熟面粉 50 克,油脂 100 克(猪板油、熟猪油、植物油均可),咸桂花酱 25 克。

(2)制作工艺:白糖擀碎,芝麻仁炒或烤熟并略擀碎,熟面粉过箩。将三种原料拌匀后开窝,中间放油脂(根据糖的干湿程度适量加水)、桂花酱,搅匀搓擦均匀即可。如用麻酱 200 克代替芝麻,即为麻蓉馅。一般用于煮、烤、蒸类面点,如芝麻汤圆、芝麻元宝酥等。

实例 5-38　五仁馅

(1)经验用料:白糖 1000 克,桃仁、榛仁、松仁、瓜仁、腰果各 200 克,肥膘肉丁 250 克,咸桂花酱 50 克,糕粉 50 克,汾酒 25 克,水或植物油 50 克。

(2)制作工艺:将所有果仁去皮制熟并切剁成细碎粒,先将五仁原料加白糖、糕粉、桂花酱、汾酒拌和搓匀、拌匀,最后加入肥膘肉丁和植物油拌匀即成。一般用于烤、蒸类高级点心和造型面点等,如五仁水仙酥、五仁南瓜糕等。

实例 5-39　什锦果脯馅(百果馅)

(1)经验用料:白糖 1000 克,葡萄干、蜜枣、京糕、杏脯、苹果脯、桃脯、梨脯、青梅、瓜条、糕粉、植物油各 100 克,玫瑰酱 50 克。

(2)制作工艺:将所有的果脯均切成小丁粒,与白糖和糕粉拌匀,中间开窝,倒入植物油和玫瑰酱,拌匀后与白糖搓擦均匀即成。

什锦果料可以根据面点需要增减变化。但配比要恰当,其味在馅中都要有所表现。一般用于烤、蒸等点心类面点,如水果鸳鸯酥、水果葫芦包等。

四、鲜果花卉馅

鲜果花卉馅是以新鲜的水果和花卉为原料经加工后与白糖、油脂等拌和而成的一类甜馅。其特点是松爽甘甜,并带有不同新鲜水果与花卉的浓郁香味,如苹果馅、菠萝馅、橘子馅、百合馅、玫瑰馅、桂花馅等。鲜果花卉馅所用原料种类多,通过合理搭配,可制作出多种风味各异的馅心,是现代面点开发和使用的一类重要馅心。如苹果馅、橘子馅、桂花馅等。

❶ 工艺流程

选料→加工→拌和→成馅

❷ 工艺要点

(1)选料:鲜果的种类较多,常用的有伊丽莎白瓜、草莓、鲜荔枝、桂圆、鲜菠萝、西瓜、百合等。常用的花卉原料有茉莉花、鲜玫瑰花和桂花等。由于鲜果和花卉的易腐败性,因此加工时需要速度快一些。

(2)加工:鲜果与花卉的加工都比较简单。一般将不能食用的部分和变色的部分去除干净,充分地清洗干净即可。

(3)配料:由于新鲜的水果和花卉含水较多,因此,在不影响馅心口味的前提下,需要适当的搭配一些粉末状的原料,熟面粉是常用的原料之一。

(4)拌和:将加工好的鲜果、花卉与擦过的糖、过筛的熟粉以及适合的油脂拌和搓擦至既不干也不湿,装模具箱压紧,切块即成。

❸ **鲜果花卉馅实例**

实例 5-40 菠萝馅

(1)经验用料:鲜菠萝 500 克,熟蛋黄 5 个,吉士粉 30 克,白糖 300 克,菠萝香精 1～2 滴,盐 2 克,清水 100 克。

(2)制作工艺:将鲜菠萝去皮,放入盐水中浸泡 10 分钟,洗净切成小块,用机器打成蓉状。清水入锅放入菠萝蓉烧开,用吉士粉搅成稠糊状,起锅晾凉,加入白糖、蛋黄、香精揉匀即成。一般适用于蒸、烤等点心类包馅面点,如菠萝橙汁球、菠萝秋叶包等。

实例 5-41 西瓜馅

(1)经验用料:鲜西瓜 50 克,白糖 300 克,鲜奶 100 克,吉士粉 30 克,熟芝麻粉 50 克,奶油 20 克。

(2)制作工艺:将西瓜去皮去籽,用机器打成泥蓉。锅内放鲜奶、西瓜蓉烧开,倒入吉士粉搅成浓稠状,至熟透起锅晾凉,再加入白糖、奶油、熟芝麻粉揉匀即成。一般用于凉卷、酥点等面点,如西瓜糯米凉卷、西瓜荷叶酥等。

实例 5-42 奶油鲜果馅

(1)经验用料:鲜奶油 300 克,白糖 200 克,明胶 3 克,草莓 50 克,猕猴桃 100 克,小西米粉 60 克,吉士粉 30 克,清水 100 克。

(2)制作工艺:将猕猴桃去皮,草莓去蒂分别切成绿豆大的粒。锅置火上,放清水、鲜奶油、白糖、明胶小火熬制,勤搅动至全部溶化,再加入西米粉、吉士粉搅匀至熟,起锅晾凉,加入草莓、猕猴桃拌匀即成。一般用于夏天的点心,如奶油火夹、奶油糯米凉卷等。

实例 5-43 百合馅

(1)经验用料:百合 500 克,白糖 300 克,黄油 50 克,熟芝麻粉 50 克,吉士粉 40 克,清水 200 克,哈密瓜 50 克,提子 50 克。

(2)制作工艺:将百合洗净,用旺火入笼蒸熟,取出用机器打成蓉。哈密瓜、提子分别切成米粒状。锅内加清水、百合蓉,烧开,用吉士粉搅成浓稠至熟,起锅晾凉,再加入白糖、黄油、熟芝麻粉、哈密瓜、提子拌和均匀即成。一般用于炸、烙、蒸等点心类面点,如百合梅花酥、百合飞燕鱼等。

实例 5-44 茉莉花馅

(1)经验用料:鲜茉莉花 30 克,白糖 500 克,熟面粉 200 克,网油 80 克,花生油 50 克,饴糖 60 克,茉莉香精 1～2 滴。

(2)制作工艺:将鲜茉莉花去蒂洗净,用沸水余一下控净水,再与一部分白糖剁成蓉。网油洗净剁成蓉。将白糖、熟面粉、茉莉花拌匀,再加花生油、饴糖、网油、茉莉香精揉匀,装模具箱压紧,用刀切成小方块即成。一般用于烤、蒸、煮等类面点,如茉莉金铃子、茉莉白兔酥等。

实例 5-45 玫瑰馅

(1)经验用料:鲜玫瑰花 200 克,白糖 500 克,糕粉 150 克,猪油 150 克,玫瑰香精 1～2 滴,饴糖 70 克。

(2)制作工艺:将鲜玫瑰花洗净,控干水,一层花一层白糖浸渍一个星期成甜玫瑰酱。将白糖、糕粉、甜玫瑰酱混合拌匀,再加猪油、香精、饴糖反复搓揉均匀即成。一般用于烤、煮等类面点,如玫瑰月饼、玫瑰汤圆等。

五、糖油蛋馅

糖油蛋馅是比糖油馅用料相对复杂的一类甜馅,除了使用糖油之外,还大量地使用鸡蛋和一些香气浓郁的辅料。由于其口味好,制作变化多样,因此广受食客的好评及喜爱,尤其在广东和香港等地使用比较广泛。

❶ 工艺流程

选料→加工→成馅

❷ 工艺要点

(1) 选料:除大量使用白糖、鸡蛋外,还使用香气较浓的椰丝、椰汁、牛乳、粟粉、吉士粉等。

(2) 加工:此类馅料软滑细腻,一般均需要煮、蒸等加热过程且均需要边加热边搅拌,否则容易出现不均匀的块状物。

❸ 糖油蛋馅实例

实例 5-46　奶黄馅

(1) 经验用料:净鸡蛋 750 克,白糖 1000 克,奶油 1000 克,粟粉 25 克,奶粉 200 克,面粉 375 克,吉士粉 200 克,椰汁 1 罐,三花淡奶 1 罐,炼乳 1 罐,柠檬黄、香兰素各适量。

(2) 制作工艺:先将鸡蛋打入蛋桶中搅匀,后加入其余所有的原料,继续打匀。将打匀的原料过笊后倒入盆里,上笼用慢火蒸,边蒸边搅(每 5 分钟搅一次),大火蒸约 45 分钟,中火蒸约 1 小时。冷却后用多功能搅拌机搅拌成均匀、细腻的固体状即可存放备用。每次使用前,取出适量再用手在案板上搓匀使用。

此馅 500 克与椰蓉 150 克一起放入桶中打匀即成椰黄馅。一般用于烤、烙、炸等类面点,如奶皇烤香糕、奶皇凤眼饺等。

实例 5-47　椰蓉馅

(1) 经验用料:椰丝 500 克,白糖 500 克,鸡蛋 2 个,吉士粉 25 克,牛油 100 克,糕粉 150 克。

(2) 制作工艺:椰丝最好用机器打成蓉状,与糕粉、吉士粉一起拌匀后,倒在案板上,中间扒个窝,窝中放入鸡蛋液、白糖、牛油,搓至均匀即成。一般用于烤、炸、烙等类面点制作,如椰蓉龙虾酥、椰蓉玉饼等。

实例 5-48　架英馅

(1) 经验用料:净鸡蛋 500 克,椰汁 200 克,牛油 50 克,奶粉 25 克,白糖 600 克,吉士粉 20 克。

(2) 制作工艺:先将牛油、奶粉、吉士粉、白糖放在一起拌匀。把鸡蛋磕入蛋桶,用打蛋器打匀,然后放入椰汁和上述拌匀的原料。将蛋桶放在沸水中,用棒搅至原料全部热后取出,倒入 30 厘米的方盆中,放在笼屉上用慢火蒸,要边蒸边搅(每 5 分钟搅一次),同时注意将四周角落搅匀,使之成为糊状即成。一般用于烤、炸、蒸类面点,如架英煎蛋卷、架英鸡蛋荞等。

实例 5-49　蛋挞馅

(1) 经验用料:鸡蛋 500 克,澄面 30 克,清水 550 克,白糖 500 克,吉士粉 10 克,醋精 3 滴。

(2) 制作工艺:将白糖、澄面、吉士粉拌匀,放入盆中。将清水烧沸,倒入有白糖、澄面、吉士粉的盆中,边冲边搅,使之溶化成糖水。将鸡蛋磕入另一个盆中搅打(不可多打)。将糖水倒入鸡蛋盆中,放入醋精搅匀即成。一般用于烤类面点,如岭南蛋挞等。

单元四　卤臊浇头制作工艺

面臊,俗称臊子、浇头、卤,是指在食用面条或米粉时所添加的馅料,是形成面条和米粉的最重要的调味部分,也是面条与米粉风味的基础。

由于面条和米粉是中国人的主要食物之一,因此面臊的种类很多,各地的称谓也不尽相同,制作的方法更是多种多样。根据制作的工艺和成品的特性,我们一般将面臊分为盖浇类、汤料类、凉拌蘸汁类和焖炸煎炒类四类。

一、盖浇类

盖浇类的浇头一般又分为炸酱、打卤、煎炒和干腩类等几个类别。这类浇头有荤有素,一般宜于浇配各种水煮面,如拉面、削面、拨面、猫耳朵、面条、揪片、掐疙瘩、擦尖、剔尖、抿曲、流尖、漏面、转面等。部分品种如猪肉稀炸酱、番茄炸酱、番茄卤、葱花酱醋卤等也适用于各种蘸面,作为蘸尖尖、蘸片、栲栳栳等面饭的蘸汁。

❶ **炸酱类**　炸酱是使用各种酱为主要原料经过煸炒增香后,再加入各种辅料制作而成的一类常用的盖浇类面臊。使用的酱类多数为黄酱、甜面酱和豆瓣酱等。

(1)荤炸酱指由肉及荤物作主料的炸酱。如羊肉炸酱、猪肉炸酱、小虾米炸酱等。此类炸酱具有火候足、色泽亮、香味浓等特点。

(2)素炸酱指酱内不放任何荤腥肉物,即使调料也不含葱花、大蒜、薤头、香菜等辛辣原料。

实例 5-50　肉末炸酱

(1)经验用料:干黄酱 500 克,肉馅 150 克,清水 500 克,葱、姜、蒜各 25 克,味精 5 克,白糖 10 克,鸡粉 5 克,大料 2 瓣,香油 100 克,素油 100 克,生抽 10 克。

(2)制作工艺:干黄酱提前加入清水 250 克调稀备用。锅置火上,倒入素油,烧至三至四成热,锅中加入大料、葱、姜末爆香,下入肉末煸香,烹入生抽至金黄色。然后,加入清水 250 克,鸡粉少许,烧开倒入调好的稀黄酱,大火烧开,撇去浮沫,改小火烧制 20~30 分钟。待黄酱黏稠,加入蒜泥、香油略炸 1 分钟,即可出锅。

实例 5-51　素炸酱

(1)经验用料:干黄酱 500 克,味精 5 克,白糖 100 克,鸡粉 5 克,大料 2 瓣,香油 100 克,素油 100 克,清水 500 克。

(2)制作工艺:干黄酱提前加入清水 250 克调稀备用。锅置火上,倒入素油,烧热至三四成,锅中加入大料爆香。然后,加入清水 250 克,烧开,倒入调好的稀黄酱,大火烧开,撇去浮沫,改小火烧制 20~30 分钟。待黄酱黏稠,加入蒜泥、香油略炸 1 分钟,即可出锅。

❷ **打卤类**　打卤是指将各种原料采用放入锅中,加入大量的鲜汤,采用烧、焖、煨等烹调方法加热而成的具有汁浓味长的一种盖浇类面臊,分为勾芡与不勾芡两种。

实例 5-52　大酿卤

(1)经验用料:烧肉丁、番茄丁各 100 克,香干丁、熟黄豆、香菇丁、豆角丁、土豆丁各 50 克,海带丁 25 克,上汤 300 克,调和油 25 克,精盐 3 克,姜米、鸡精各 1 克,胡椒粉、葱花各 2 克,料酒 5 克,酱油 10 克,生粉 8 克,香油 10 克。

(2)制作工艺:锅内加水上火烧开,放入所有料丁氽一下捞出备用。炒锅内加油烧热,放入葱、姜煸炒出香味,加上汤以及氽好的各种料丁,再依次加入盐、鸡精、胡椒粉、料酒、酱油等调好味,用生粉浆勾芡,最后淋上香油即成。

实例 5-53　酸汤浇头

(1)经验用料:冬笋丝、香菇丝、豆腐丝各 20 克,醋 30 克,胡椒粉、盐各 3 克,味精 2 克,上汤 300 克,生粉 10 克。

(2)制作工艺:将冬笋丝、香菇丝、豆腐丝放入开水锅中氽一下捞出备用。生粉用水调稀备用。炒锅上火,锅内倒入上汤、醋、胡椒粉、盐、味精调成酸辣味的浅棕红色汤汁,烧开后下入冬笋丝、香菇丝、豆腐丝,再用生粉浆勾芡即成。

实例 5-54　酸菜豆腐卤

(1)经验用料:酸菜 200 克,白豆腐 100 克,肉末 25 克,植物油 25 克,精盐、鸡精、红辣椒、香油、姜米各 1 克,酱油、葱花、料酒各 2 克,胡椒面 3 克,上汤 400 克,生粉 5 克。

(2)制作工艺:将酸菜洗净切成小丁,豆腐切成 0.5 厘米的小丁备用。将炒锅上火烧热,锅内放入植物油、肉末煸香,烹料酒后下入葱、姜、干红辣椒、酸菜、豆腐丁,用中火煸出香味,再加入上汤、盐、鸡精、胡椒粉、酱油调好味,用生粉勾薄芡,最后淋入香油待用。

❸ **煎炒类** 煎炒类是指将各种原料放入锅中炒香后,不加汤汁或加入少量的鲜汤调味,一般不需要勾芡制作而成的一种盖浇类面臊。在有的地区又把它称为干臊面臊,如四川的担担面面臊和牛肉面面臊就属于此类。

实例 5-55 酸辣醋卤

(1)经验用料:尖椒丁、炸豆腐丁、土豆丁、青豆、黄豆各 20 克,口蘑丁 25 克,海带丁 50 克,醋 200 克,盐 3 克,鸡精 1 克,上汤、白砂糖各 20 克,葱花 5 克,姜米 2 克,蒜泥 10 克,干红辣椒丁 3 克。

(2)制作工艺:将锅上火烧热,加入食用油、葱、姜、蒜、干红辣椒丁、尖椒丁煸出香味,烹醋炒出香味,加入上汤烧开后下入炸豆腐丁、土豆丁、青豆、黄豆、口蘑、海带丁,再加入盐、鸡精、白砂糖调好味,炒出香味后盛盘。用于刀削面、刀拨面的浇头,如再附带各种菜码小料则效果更佳。

实例 5-56 雪菜虾仁面臊

(1)经验用料:雪菜 40 克,虾仁 50 克,鸡汤 250 克,猪油 25 克,盐 10 克,鸡蛋清 10 克,味精 3 克。

(2)制作工艺:虾仁放碗内,加入蛋清和 1 克盐,用筷子顺一个方向搅至有黏性,然后滑油备用。雪菜洗净切成细粒。猪油 15 克入锅上火烧热,下入雪菜煸炒,加入鸡汤、盐烧沸后改用小火焖煮 5 分钟,然后下入虾仁、味精,最后加入 10 克猪油起锅即成。

二、汤料类

汤面是面臊中的一个大类。适宜于制作汤面的主食品种一般都比较细、软、薄、碎。如拉面、切面条、面叶、抿曲、拨面、漏面、流尖、搓豌、揪片等。汤料的制作工艺,一般可分为兑汤、炝锅和烧烩三种。以下为一些荤、素汤料的制法。

❶ **兑汤类** 兑汤是指将原料提前加工预熟,然后加工成片、丁、丝、条、块等形状,再与大量的鲜汤兑在一起并调味的一种汤料类面臊。如陕西羊汤面、雪菜面、北京卤煮火烧的浇头均属此类。

实例 5-57 清汤

(1)经验用料:鸡汤或肉汤 250 克,芽韭段、酱油、味精、胡椒粉、香油、熟菠菜叶、紫菜、精盐各少许。

(2)制作工艺:将辅料全部兑入一碗中,舀入鸡汤(肉汤不宜过浓)冲开即成。辅料中亦可加放香菜、葱花。主要根据食者口味。此汤最宜于吃细面条、拉面、面叶等使用。食用时将面捞在碗内即可,味重者可略加精盐。

实例 5-58 肉丝汤

(1)经验用料:熟猪肉丝(肥瘦)50 克,肉汤(或鸡汤)200 克,芽韭段、酱油、味精、胡椒粉、香油、熟菠菜叶各少许。

(2)制作工艺:将熟肉丝放入碗内,加酱油、味精、胡椒粉、香油腌制(味重者可略加精盐),放入熟菠菜叶,舀入肉汤,撒上芽韭、淋入少许香油即成。

❷ **炝锅类** 炝锅是指使用姜、葱、蒜、花椒、辣椒煸炒出香后,加入主料、辅料煸炒,再加入大量的鲜汤并调味制作而成的一种汤类面臊。如四川豌豆炸酱面、陕西刀拨面、扬州虾仁鸡汤面的浇头均属此类。

实例 5-59 肉丝炝锅

(1)经验用料:肥瘦猪肉 75 克,高汤 400 克,食用油 40 克,酱油 20 克,冬笋 20 克,海带、葱、姜、蒜、精盐、味精、胡椒粉、芽韭、花椒各少许。

(2)制作工艺:将猪肉切成丝,冬笋、海带(水泡软)也切成丝,葱切马蹄段,姜切成末,蒜切成片。锅上火放入食用油、花椒,油热后捞出花椒,投入肉丝煸炒,待肉丝变为白色时,先加入葱、姜、蒜、笋丝和海带丝煸炒,然后再加入酱油、精盐、高汤,烧开后,撒入胡椒粉、味精,倒入盛面的大碗中,撒上芽韭段即成。

实例 5-60　窝蛋炝锅

(1)经验用料:鲜鸡蛋2个,猪肉50克,食用油100克,酱油20克,香菇、菠菜叶、味精、精盐、花椒、芽韭、葱、姜、蒜各少许,高汤400克。

(2)制作工艺:锅上火,添入清水约600克烧开,改用小火将鸡蛋缓缓磕入开水锅内(或把蛋磕入碗内再顺锅边轻轻倒入)煮约5分钟成荷包蛋(俗称窝蛋),捞出盛碗内备用。猪肉切成肉丝,香菇抹刀切成片,葱切成马蹄段,姜切成末,蒜切成片,菠菜切成小块。锅擦净再上火,放入食用油、花椒,油热后,捞出花椒,投入肉丝及葱、姜、蒜、香菇、菠菜煸炒,然后加入酱油、精盐、味精及高汤,最后投入荷包蛋,待汤烧开后,倒入盛面的大碗中,撒入芽韭段即成。

实例 5-61　炝锅面卤

(1)经验用料:肥瘦肉丝各30克,熟猪皮丝20克,海带丝50克,豆芽20克,炸豆腐丝30克,盐、酱油、葱花、姜末各3克,干红辣椒丝、大料各1克,上汤250克。

(2)制作工艺:将肉丝、猪皮丝、海带丝以及豆芽、豆腐丝等分别在开水中汆一下捞出。上汤入锅用中火烧开,加入盐、酱油、上汤调好口味,放入海带丝、肉丝、豆芽、炸豆腐丝,煮开后浇在煮好并装入碗内的面条上。锅内加入少许油,放入大料炸出香味后捞出。将葱花、姜末、干红辣椒丝放在浇好卤的面条上,再将热油炝在上面即成。

❸ **烧烩类**　烧烩类是指将适宜的锅放于火上,添加鲜汤烧开,加入主料、辅料和各种调味料,然后放入所要食用的面条或米粉等加热成熟,面熟后直接连锅同上食用或再倒入适宜的器皿中食用的一种汤类面臊。如砂锅什锦面、砂锅鱼汤面、生丸烩锅盔、烧汤面火锅、河南烩面等。

实例 5-62　砂锅烩什锦

(1)经验用料:冬笋、香菇、海米仁、鱿鱼、鱼肚、蹄筋、白煮熟鸡丝各50克,鸡鸭汤700克,酱油、精盐、味精、胡椒粉、姜末、料酒、豌豆苗、鸡油各少许。

(2)制作工艺:将冬笋、香菇、鱿鱼、蹄筋、鱼肚切成抹刀片,用开水汆好备用。将小砂锅置于小火上,添入鸡汤,放入什锦料和调料,烧开后入所食的面(一般适宜煮食伊府面、翡翠面、蛋黄面等),面熟后撤锅,撒入豆苗段,淋入鸡油即成,食用时就锅吃面,以锅代碗。

三、凉拌蘸汁类

凉面和蘸面是面食中的另外两类。凉面主要是夏季食用,讲究凉爽利口。一般宜于制作凉面的品种主要有拉面、细硬面条、莜面搓鱼等。而蘸面却以热吃为主,四季适宜,讲究软嫩筋滑。食用的品种有蘸片、蘸尖尖、莜面栲栳栳、拿糕等。这两种面食调味用料也比较广泛,口味花样也比较繁多。

❶ **凉拌料**　凉拌料是指用各种原料和调味品调制成各种的调味汁,食用时拌入面食或米食中的一种面臊。它一般以芝麻酱为主要原料,黄瓜丝、蒜泥汁、芥末汁、醋、精盐、辣椒油为辅料,浇于面食表面。

(1)芝麻酱汁:将麻酱放入碗中,加入适量精盐和凉开水,用筷子搅拌开,待部分澥开时,再加入少量凉开水,再搅至全澥开,再添水再搅,这样反复多次,直到麻酱调成稀糊状时即成(用香油调汁更佳)。在搅拌时要注意千万不可一次加入过多的水,否则将会成为小碎疙瘩,俗称"脱水",难以使麻酱和水均匀地调和在一起。

(2)蒜泥汁:将蒜瓣拍碎,用刀背斩成泥或者将蒜放入碗内捣烂成泥,加入适量凉开水即成。

(3)芥末汁:芥末面放入碗中,用少许开水泼入,用筷子搅成硬团,反复拧搅即可出味。或者盖上盖放置温热处或灶火边,约 20 分钟辣味窜出,加入适量凉开水调成汁即成。

（4）油辣椒：干辣椒压碎（或用辣椒面），放入碗内。火上置锅，放入食用油、花椒，待油热后捞出花椒，滚油炝入辣椒内即成。

❷ **蘸汁料**　蘸汁料是指用各种原料和调味品调制成的各种调味汁，食用时由食用者选择蘸食的一种面臊。如怪味汁、三合汁、红油汁、牛腩汁、番茄汁、羊汤汁（与莜面窝窝相配）等。

番茄蘸汁以番茄为主要原料，将番茄用开水烫皮，去掉皮、蒂，切碎（或撕碎）。锅上火，加入食用油、花椒，油热后投入葱花、蒜片、姜末、番茄煸炒，然后加酱油、精盐略烧制片刻。在番茄卤内加入蒜泥、辣椒油、醋及少许酱油、香油、香菜调匀即成番茄蘸汁。食用时用筷子夹面，蘸汁而食。

四、焖炸煎炒类

焖面、炸面和炒面是面食的又一种吃法，这类面食制品有一定局限性，但风味却比较独特。焖面在晋中、太原和晋东南地区有着传统的食用习惯，乃是当地面食主要吃法之一。焖炸煎类面条有伊府面（图 5-4-1）、乌冬面、热干面、豆角焖面、肉丝焖面、三鲜翡翠面等。

图 5-4-1　伊府面成品

焖面的主食品种主要是面条和搓鱼，而用炸面做焖面却是 20 世纪 60 年代以后新创的一种吃面方法，一般以拉面为主，常在筵席上使用。南瓜焖面的制法是煸锅上火，放入食用油烧热，将葱花、蒜片煸炸出香味，再倒入豆角、南瓜条在锅中翻炒，加入酱油、盐、味精炒拌均匀，加入清水烧煮，最后将白面拨鱼撒在上面，盖上锅盖将面焖熟即成。

单元五　包馅面点的皮馅比例与要求

各种包馅面点制品必须结合其不同特点，在坯料重量和馅心重量之间掌握好适当的配合比例。一般来说，包馅数量的多少与成型技术有关，成型技术高的，馅心就能多包一些，反之就少包。但制品包馅时并不是无限度地随意包入，而应根据制成品的不同特色来掌握。由于面点品种不同、性质有别，馅心与坯料存在着相辅相成的组成规律，凡包馅比例符合其规律时，就能更好地反映出不同品种的不同特色。相反，则影响产品质量，例如开花包子，制品主要是反映坯料松软、开花的特点，故只能包入少量的馅心，以衬托坯料，否则就会破坏或者突出不了开花包子的特色。因此熟练掌握各种有馅品种的包馅比例，也是面点制作的一项重要技术。研究和掌握包馅面点的皮馅比例问题，是面点加工制作以及成型中的一项重要的技术问题。因为各种包馅面点在其皮重和馅重之间都必然存在着相辅相成的组成规律,在制作中,凡是符合组成规律的,就能充分体现和反映出制品的特色来,否则就会影响制品的形态、口味以及特色。所以,在操作中,必须结合不同品种的各自特点,在皮重和馅重之间掌握好适当的比例关系。

目前,根据各种面点包馅品种的特色,大体上可分为轻馅品种、重馅品种及半皮半馅品种三种类型。

一、轻馅品种

轻馅品种的馅料与皮料比例为(10%～40%):(60%～90%)。它适用于两类面点,一类是其皮料有显著特色,而以馅料辅佐的品种。如开花包、蟹壳黄(图5-5-1)、盘香饼等品种,其馅料均不超过20%,而主要突出的是以下几点。

(1)开花包的皮料:膨松、暄软并有规则地绽开花形。

(2)蟹壳黄的皮料:如纸样薄的酥层,外香脆,内暄软。

(3)盘香饼的皮料:暄软、柔嫩、香甜而均匀的细面丝。

开花包:每个坯皮重50克,馅重7.5克,馅心用料一般为糖渍猪油丁、豆沙、枣泥等。

蟹壳黄:每个坯皮重35克,馅重15克,馅心用料为葱油丁等。

盘香饼:每个坯皮重175克,馅重15克,馅心为玫瑰白糖、豆沙、枣泥等。

而另一类则是馅料有浓郁的香甜滋味,不宜多包馅者。如鸽蛋圆子、水晶包等品种,其馅料为10%～20%。前者馅料多用薄荷糖馅或玫瑰糖馅,其香味浓醇,多包既影响口味,又容易造成穿底露馅;后者是为避免油腻感而不能多包馅。

水晶包:每个坯皮重40克,馅重15克,馅心用料为糖猪板油丁。

鸽蛋圆子:每个坯皮重12.5克,馅重5克,馅心用料为薄荷白糖、玫瑰白糖等。

蟹壳黄制作

图5-5-1　蟹壳黄成品

二、重馅品种

重馅品种的馅料与皮料比例为(60%～80%):(20%～40%)。它同样适用于两类面点,一类是馅料具有显著特点,如广东月饼、春卷等,馅重可达80%。前者突出的是百果、五仁、椰黄、肉松等馅心的别样特色;后者是以鲜嫩香醇的各色咸、甜馅为重心,均辅以少量各具特点的皮料。第二类是皮料有很好的韧性和延伸性,适于多包馅心。如馅饼、烧卖等,馅重都是皮重的2倍以上,一方面,制品以吃馅为主,要彰显馅心的特色;另一方面,皮料具备了多包馅心的特性。

广东月饼:每个坯皮重30克,馅重100克左右。

春卷(图5-5-2):每个坯皮重5克,馅重15克。

图 5-5-2 春卷成品

烧卖(图 5-5-3)：每个坯皮重 15 克,馅重 30 克。

图 5-5-3 烧卖成品

搅面馅饼：每个坯皮重 50 克,馅重 150 克。

三、半皮半馅品种

半皮半馅品种的馅心和皮料各具特色,两方面的特点都要体现,所以,在制品中皮重和馅重各占一半,如鲜肉、三鲜、清素、红果、豆沙等各式咸、甜馅的包子;芙蓉、水晶、玫瑰糖等酥皮饼类都是如此,它们既要突出皮料的特点,还要体现馅心的风味。

汤圆：每个坯皮重 20 克,馅心重 15 克。

酥饼：每个坯皮重 25 克,馅心重 25 克。

大包：每个坯皮重 50 克,馅心重 30 克。

在实践中,包馅面点种类很多,千姿百态,但只要根据制品的具体特点和皮料的性质以及馅料的特色灵活掌握包馅量,使馅心与皮料相得益彰,这样就能反映出整个制品的特色来。

模块小结

本模块从馅心的作用与种类、馅心制作特点与制馅的技术要领、操作关键,讲到具体的馅心实例制作,详尽地解说了各种类馅心的性质、特点、制作方法、技术关键等。通过学习,学生应了解和掌握传统面点馅心制作。

思考与练习

1. 馅心的作用与种类。
2. 馅心的制作特点与制馅的技术要求。
3. 调制生素馅的操作关键。
4. 熟馅勾芡的作用。
5. 菜肉馅的特点和搭配规律。
6. 三种三鲜馅的特点和调制工艺区别。
7. 泥蓉馅、果仁蜜饯馅的概念与特点。
8. 正确掌握包馅比例的重要性。
9. 肉馅调制时的调味与加水顺序。
10. 肉馅的具体加水量。
11. 泥蓉馅糖、油的选用标准和具体比例。
12. 果仁蜜饯馅工艺中主辅料的搭配比例。
13. 糖馅中辅料的选择与比例。
14. 如何调制各种馅心。

模块六

中式面点成型工艺

面点的成型,即按照面点制品形态的要求,运用各种方法,将各种调制好的面坯或坯皮制成有馅或无馅,各种各样形状的成品或半成品。

面点制品的花色很多,成型的方法也多种多样,大体上分为三种基本形式:一种是运用各种基本的手工操作技法成型;另一种是借助工具、模具或机械成型;第三种是依据美术基础理论,综合运用各种成型技法,采用艺术成型方法而形成的成型法。

成型是面点制作技术的核心内容之一,是一道技艺性很强的工序,上面连接搓条、分坯、制皮、上馅的基础操作,下面连接熟制,因此,在面点制作中具有非常重要的意义。

❶ 决定成品形态 面点制品的形态依靠成型操作来完成,成型的好坏直接影响到制品的外观形态,没有良好的成型技艺就没有美好的制品形态。因而,形态美好的面点品种又在一定程度上反映成型技艺的熟练程度。

❷ 形成制品的风味和形态特色 许多有馅品种的风味主要来自馅心,而使馅心存在于坯皮内的操作,主要是通过成型来完成的。上馅只是加入馅心的操作,而成型则是包裹入馅心的操作。没有成型的操作,许多有馅品种的馅心就不能与坯皮组合成成品。因此,成型具有包裹馅心、形成品种风味特色的作用。

❸ 改善面坯质地 有些成型操作的方法(如揿、搓等),不仅可使面坯形成成品形态,并且在成型操作的同时还有改善和增进面坯质地的作用,有利于体现品种特色。

❹ 确定品种规格,便于成本核算 成品的规格,主要是通过分坯、上馅操作来实现的。许多品种的分坯,常在成型时进行。例如,用印模成型的大多数面点品种的规格,都需要在成型过程中完成,它们的单位价格也只能在成型后核算才更准确。因此,成型具有确定品种规格、便于成本核算的作用。

单元一 手工成型法 🖵

面点手工成型法是指按照面点不同品种的形态要求,运用各种不同手工操作手法,将调制好的面团或皮坯,制作成不同形态的面点的操作方法。手工成型的技法很多,常用的有搓、卷、包、捏、揿、切、削、拨、擀、叠、摊、按等。个别手法还有剪、滚黏、钳花等,也有许多品种需要复合成型,如先切后卷、先包后捏等。

一、搓、卷、包、捏

(一)搓

搓是一种基本的成型手法,是指按照品种的不同要求,将面坯用双手来回揉搓成规定形状的过程。搓可分为搓条和搓形两种手法,具体形式又有直搓和旋转搓两种(图6-1-1)。

❶ 直搓 与面坯制作中的搓条相似,双手搓动坯料,同时搓长或使面坯上劲。成条要求粗细均匀,搓紧、搓光。如麻花、辫子面包等就应用此种成型方法。

❷ 旋转搓 用手握住坯料,绕圆形或向前推搓,或边揉边搓、双手对搓使坯剂同时旋转,搓成拱

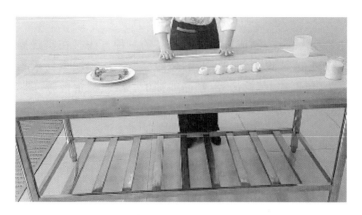

图 6-1-1　搓

圆形或桩形,制品如圆面包、高桩馒头等。这种技法适合于蓬松面坯制品,搓形后要求使制品内部组织紧密,外形规则,整齐一致,表面光洁(图 6-1-2、图 6-1-3)。

图 6-1-2　旋转搓 1

图 6-1-3　旋转搓 2

（二）卷

卷是面点制作中常用的成型技法之一,一般是指将擀好的面坯,经加馅、抹油或直接根据品种要求,制成不同样式的圆柱形状,并形成间隔层次,然后制成成品或半成品的方法(图 6-1-4、图 6-1-5)。

图 6-1-4　卷 1

图 6-1-5　卷 2

卷可分为两种:一种是单卷法,是将面坯擀成薄片,抹上油或馅,从一头卷向另一头成为圆筒状;另一种是双卷法,是将面坯擀成薄片,抹上油或馅后,从两头向中间对卷,卷到中心为止,呈双圆筒状。

卷的方法主要用于制作花卷、蛋糕卷、层酥制品等。操作时常与擀、切、叠等方法连用,还常用压、夹等配合成型,如制作圆花卷、蝴蝶卷、猪蹄卷等。操作时要求卷紧、卷匀,手法灵活,用力均匀。

（三）包

包是指将馅料与坯料合为一体,制成成品或半成品的一种方法。在实践操作中,因面点品种多,所用的原料、成品形态及成熟方法也不相同,因此,包的成型手法和成型要求均不一样,变化较多,差别也较大。一般有包上法、包裹法、包捻法等,制品如粽子、豆沙包、馄饨等(图 6-1-6、图 6-1-7)。

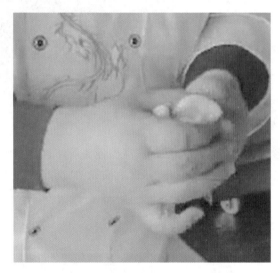

图 6-1-6　包 1　　　　　　　　　　　　　　　　图 6-1-7　包 2

包制成型要求馅心居中,规格一致,形态美观,方法正确,动作熟练。包也常与卷、捏、按、剪、钳花等技法结合使用(称为复合成型法)。

（四）捏

捏是指将包入馅心或不包入馅心的坯料,经过双手的指上技巧,按照设计的品种形态的要求进行造型的方法,是比较复杂、富有艺术性的一项操作技术,主要用于制作象形品种的面点(图6-1-8、图6-1-9、图 6-1-10)。

图 6-1-8　捏 1　　　　　　图 6-1-9　捏 2　　　　　　图 6-1-10　捏 3

捏制技术多种多样,大致有提褶捏、推捏、捻捏、挤捏、花捏等。所制的成品或半成品,不但要求色泽美观,而且要求形象逼真,如各种花色饺子、花纹包等。

捏也常与包结合运用,有时还需利用各种小工具,如花钳、剪刀、梳子、角针等配合进行成型。

二、抻、切、削、拨

（一）抻

抻又叫抻拉法,是中式面点制作中一项独有的手法,技术性很强,为北方面食制作之一绝。抻是指将调制好的面坯,经过双手不断上下顺势抛动,反复扣合、抻拉,将大块面坯抻拉成富有韧性的条、丝形制品的一种方法。制品粗细根据要求而定。抻面品种规格较多,有中细条、中条、扁条、棱角条、空心条、龙须面等。如果掌握了抻面技术基本功,还可以制出金丝饼、猴头酥、银丝卷等高档造型面点,因上述品种都需要将面坯抻成条或丝状后再制作成型(图6-1-11、图6-1-12)。

图 6-1-11　抻 1

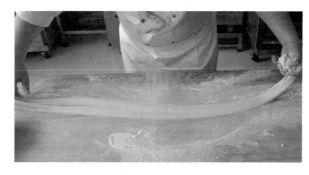

图 6-1-12　抻 2

抻面操作步骤主要有配料和面、溜条、出条三个过程。只有环环紧扣,手法灵活,动作熟练,用力均匀,面坯软硬适当,才能制出好的抻面。

（二）切（剁）

切是面点制作中的一种基本制作手法,运用很广。切是指用刀具将整块面坯分割成符合成品或半成品形态规格要求的一种方法(图6-1-13、图6-1-14)。

图 6-1-13　切 1

图 6-1-14　切 2

切的手法动作多种多样,如制作手擀面时要用推切的方法,制作金银馒头时要用剁的手法等。要求下刀准确,规格一致,动作灵活,技术熟练。

（三）削

削俗称削面,是指将坯料用刀一刀挨一刀向前推削,形成三棱形面条的一种方法。面条经削出,随即落入锅内煮熟,加上调料即成(图6-1-15)。

操作要求:推削要均匀,动作要熟练、灵活,用力均匀连贯,面条厚薄、大小匀称。

（四）拨

拨是制作拨鱼面的一种手法,因拨成的面条似小鱼入水而得名。具体操作方法是将调成的软面坯料,用筷子或竹坯条顺盆沿拨成条流入开水锅内,直接煮熟,根据爱好加上调料即成(图6-1-16、图6-1-17)。

削、拨,是两种不同的方法,手法要求也不一样,操作技术性很强。削面和拨鱼面是我国山西一带地区的风味面食。抻、切、削、拨被称为我国制作面条的四大技术。

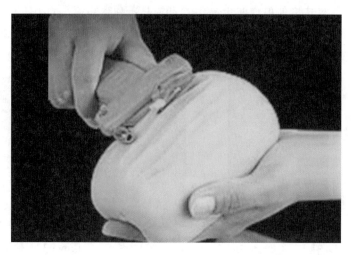

图 6-1-15　削

图 6-1-16　拨 1

图 6-1-17　拨 2

三、擀、叠、摊、按

（一）擀

擀是运用各种面杖工具，将坯料制成不同形态的一种操作技法。擀因涉及面广，品种内容多，历来被认为是面点制作的代表性技术，具有使坯皮成型与使品种成型双重作用（图 6-1-18、图 6-1-19）。

图 6-1-18　擀 1

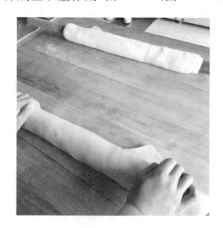

图 6-1-19　擀 2

擀由于使用的工具不同而有多种操作方法，有单手杖擀、双手杖擀、走槌擀等，具有很强的技术性。许多面点成型前的坯料制作都离不开擀,但是直接用于成品或半成品的成型并不是很多,常需要与包、捏、卷等合用,如制作油饼、水饺、烧卖皮等。

擀制要求工具使用得心应手,操作时要用力均匀,手法灵活、熟练,产品规格一致,形状美观、整齐。

（二）叠

叠又称折叠法,是指将经过擀制的面坯,经折、叠手法形成半成品形态的一种技法。叠用作成品或半成品成型时,由于花样变化较多,折叠方法也不相同,有对折折叠而成的,也有反复多次折叠的。折叠法在坯料制作中,经常与擀、捏、剪等配合运用,一般作为坯料或半成品的分层间隔时的操作,如制方酥饼（叉子饼）、花卷、千层酥等（图 6-1-20、图 6-1-21）。

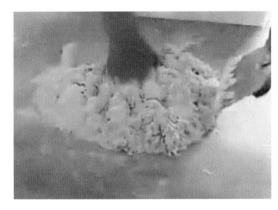

图 6-1-20 叠 1 　　　　　　　　　　　　图 6-1-21 叠 2

运用折叠法时,要求每次折叠层次整齐、平整,并需根据品种特点,掌握操作要领,注意操作事项,才能制出合格的面点。

（三）摊

摊是指将较稀较软或面糊状的坯料,放入经过加热的洁净铁锅内,使锅内温度传给坯料,经旋转使坯料形成圆形成品的一种方法（图 6-1-22、图 6-1-23）。

图 6-1-22 摊 1 　　　　　　　　　　　　图 6-1-23 摊 2

摊制成型的方法有两种,一种是熟成型法,边成型、边成熟,如煎饼;另一种是使用稀软面坯或糨糊状面坯制作半成品,如春卷皮。

因需加热,必须注意火候,手法灵活,动作自然。成品厚薄均匀,规格一致,色泽适当,完整无缺。

（四）按

按是指将制品生坯用手按扁压圆成型的一种方法。常作为辅助手法配合包、印模等成型使用。按的手法分为两种,一种是用手掌根部按;另一种是将食指、中指和无名指三指并拢,用手指按（图

6-1-24、图 6-1-25)。

图 6-1-24　按 1

图 6-1-25　按 2

　　按的成型品种较多,操作时必须用力均匀,轻重适当,对包馅品种应注意馅心的按压要求,以防馅心外露。按的成型方法有很多用于形体比较小的包馅品种,如馅饼、烧饼等。

　　以上的手工成型技法是面点制作中常用的手法,此外还有揉、滚等方法,如用揉的方法做馒头、滚元宵等,虽然在制作中用此技法不多,但是,作为面点师也应掌握这些成型方法,只有这样才能适应市场需求的变化。

单元二　器具成型

一、模具成型法

　　模具成型法是指利用各种特制形态的模具,将坯料压印成型的一种方法。模具成型的方法具有使用方便,成品形态美观,规格一致,便于批量生产等优点。

　　(一)模具的种类

　　由于各种品种的成型要求不同,模具种类大致可分为印模、套模、盒模、内模四类。

　　❶ 印模　印模又叫"板模",是将成品的形态刻在木板上,然后将坯料放入印版模内,使之形成图、形一致的成品。这种印模的图案花样、形状很多,如用枣木刻的模子、桃酥模子。成型时一般常与包连用,并配合按的手法进行(图 6-2-1、图 6-2-2)。

图 6-2-1　印模 1

图 6-2-2　印模 2

❷ **套模**　套模又叫"套筒",是用铜皮或不锈钢皮制成的各种图形的套筒。成型时用套筒将擀制好的平整坯皮套刻出来,形成规格一致、形态相同的半成品,如花生酥、小花饼干等。成型时常和擀制作配合(图 6-2-3、图 6-2-4)。

图 6-2-3　套模 1

图 6-2-4　套模 2

❸ **盒模**　盒模是用铁皮或钢皮经压制而成的凹形模具,其容器形状、规格、花色很多,主要有长方形、心形、圆形、梅花形、船形等(图 6-2-5、图 6-2-6)。

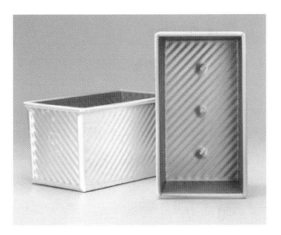

图 6-2-5　盒模 1

图 6-2-6　盒模 2

成型时将坯料放入模中,经成熟后便可形成规格一致、形态美观的成品。常与套模配套使用,品种有方面包、蛋挞、布丁、蛋糕等。

❹ **内模**　内模是用于支撑成品、半成品外形的模具,规格、样式可随意创造、特制。如冰淇淋筒内模等(图 6-2-7、图 6-2-8)。

以上这些模具,都可作为成型方法中的工具,具体应该按制品要求选择运用。

(二)模具成型的方法

模具成型的方法大致可分为生成型、加热成型和熟成型三类。

❶ **生成型**　将半成品放入模具内成型后取出,再经熟制而成,如月饼。

❷ **加热成型**　将调好的坯料装入模具内,再经熟制而成,如月饼。

❸ **熟成型**　将粉料或糕面先加工成熟,再放入模具中压印成型,取出后直接食用,如绿豆糕。

图 6-2-7　内模 1

图 6-2-8　内模 2

二、机器成型法

随着现代科学技术的进步和发展，机器将逐渐代替手工操作，餐饮业用的机械设备越来越多。用于面点成型的常用机器主要有馒头机、饺子机、面条机、制饼机等。

（一）馒头机

馒头机 1 小时能生产出 50～100 公斤的面粉，每 500 克面粉可制出 5～6 个馒头（图6-2-9、图6-2-10）。

图 6-2-9　馒头机 1

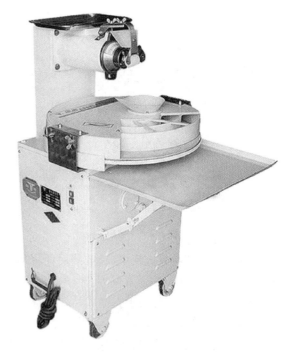

图 6-2-10　馒头机 2

机制馒头比手工制出的馒头白净、有劲，产品很受欢迎。目前，使用馒头机的单位比较多，但是必须注意安全操作，正确使用，并加强维修与保养。

（二）饺子机

饺子机，适合大中型食品厂生产速冻水饺，有大小型号区分。饺子机速度快、效率高，必须注意安全，正确操作，否则制出的成品不合格，影响质量和效益（图 6-2-11、图 6-2-12）。

图 6-2-11　饺子机 1　　　　　　　　　　　　　图 6-2-12　饺子机 2

（三）面条机

面条机，又叫切面机，有手工和电动机器两种。它有压面和成型双重作用。面条机应用很广，从一般家庭到挂面加工厂都可以使用（图 6-2-13、图 6-2-14）。

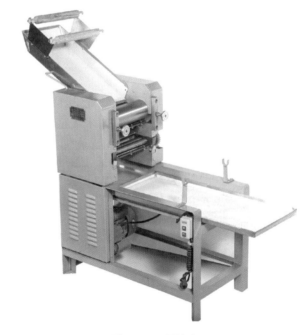

图 6-2-13　面条机 1　　　　　　　　　　　　　图 6-2-14　面条机 2

面条机制作面条的程序是先向面粉中加水或添加辅料，和成面穗，用面条机先压面片，然后用滚切刀滚切成面条。

使用面条机危险很大，稍不注意就会伤人，要求操作时注意力集中，遵守操作规则。

（四）制饼机

制饼机是用电将转动的滚轮加热，再把事先和好的面坯放入滚轮上，通过加热的滚轮转动、压薄，制出成型成熟的饼（图 6-2-15、图 6-2-16）。

制饼机是近年上市的新品种，其特点是效率高，省时省力，制品质量稳定，适用于筋饼、油饼的制作。

图 6-2-15　制饼机 1

图 6-2-16　制饼机 2

单元三　艺术成型技法

　　面点艺术成型是指依据美术基础理论,使用各种不同的工具和材料,综合运用各种技法,产生不同艺术效果的面点成型方法。面点艺术成型应用于面点制作实践中时,涉及基本造型、结构、装饰、纹样色彩、图案、文字等艺术的运用(图 6-3-1、图 6-3-2)。

图 6-3-1　艺术面点 1

图 6-3-2　艺术面点 2

　　面点艺术,自古就在人民的日常生活和艺术生活中占有重要地位。如过去的"宫廷糕点",各种装饰的点心皮面以及各种面点裱花,都从不同的角度和程度反映了人们对艺术面点的需求。

一、镶嵌

镶嵌是利用可食性原料,镶装在坯料的表面或内部,从而达到对面点进行点缀美化的成型方法。其目的是美化食品,增进口味,使之更加完美。镶嵌时,利用食用原料本身的色泽和美味,经过合理的组合与搭配,镶嵌在坯料表面以增加口味,并巧妙地设计成各种图形使成品的色、香、味、形更加完美。如核桃糕、八宝饭的表面造型图案就是用这个手法制作的(图6-3-3)。

图 6-3-3　镶嵌

镶嵌的具体操作手法有直接镶嵌、间接镶嵌、镶嵌料分层夹在坯料中、借助器皿镶嵌、食用原料填充在坯料本身具有的孔洞中。

二、裱花

裱花是将装有油膏或糖膏原料的纸筒、布袋、裱花嘴等挤注器具,通过手指的挤压,使装饰料均匀地从裱头中流出来,在饼坯、糕坯上挤注花样的一种装饰性技法。它是面点图案制作工艺中难度较大的一种工艺技巧(图6-3-4、图6-3-5)。

图 6-3-4　裱花 1

图 6-3-5　裱花 2

裱花的原料主要有用油脂、糖粉和蛋清调制成的油膏、糖膏、蛋白膏、奶膏。近年来从国外进口的植物鲜奶膏为上乘原料,具有口感好、低脂肪、调制方便等优点。裱花的基本图案有墨形、花形、叶形、曲线形、点形、圈形、字母及简单的风景纹样等。裱花工艺的要领有以下几点。

（一）要正确使用原材料

❶ **琼脂的使用**　用琼脂调制糖膏可使裱花图案的表面呈胶体状,起到美化装饰的作用。琼脂糖浆熬制后一定要过箩,滤去小硬块,以免硬块混入糖膏,造成裱花口堵塞,使裱花口破裂。

❷ **蛋白的使用**　制作蛋白膏要选用新鲜的鸡蛋,因为新鲜鸡蛋的蛋白浓稠度高,韧性好。

❸ **原料间的比例**　裱花原料中油脂、蛋清、糖浆、琼脂之间的比例要根据用途而定。用于涂面或夹心的,因塑性不高,糖可稍多些;用于挤注花形的,要求塑性良好,糖就要减少些,蛋清的比例应加大些。

❹ **糖膏的拌制**　裱花用的糖膏、油膏,尤其是蛋白膏要求搅打得气泡细密,软而不塌,这样裱出的图案花纹清晰可见。

❺ **适当加酸**　制作糖膏时,适当加一些柠檬酸可帮助糖膏凝固,增加其光洁度。用这样的糖膏裱成的图案不易变色,还具有水果味。

（二）选好裱制工具

要根据表现对象的不同选择不同齿口形状的花嘴。在没有花嘴的情况下,可用剪刀在纸筒尖上剪出不同形状的孔来代替花嘴使用（图 6-3-6、图 6-3-7）。

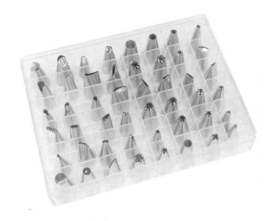

图 6-3-6　裱花工具 1

图 6-3-7　裱花工具 2

（三）正确使用裱头

❶ **裱头的高低和力度**　裱头高,挤出的花纹瘦弱无力,齿纹易模糊;裱头低,挤出的花纹肥大粗壮,齿纹清晰。裱头倾斜度小,挤出的花纹肥大。裱注时用力大,花纹粗大有力;用力小,花纹纤细,柔弱瘦小。

❷ **裱头运行速度**　不同的裱注速度,制成的花纹风格、大小不同。对于粗细、大小要求较均匀的造型,裱注速度应较迅速。对于变化有致的图案,裱头运行的速度要有快有慢。

（四）配色适宜

配色要自然、淡雅。裱花图案的色彩以使用天然色为主,必要时可辅之以化学色素（图6-3-8）。

（五）词句使用得当

❶ **选用适当的字体和词句**　如制作婚礼蛋糕、儿童或老人生日蛋糕时,要根据不同含义、不同年龄、不同档次,选用不同的字体和词句（见图 6-3-9）。

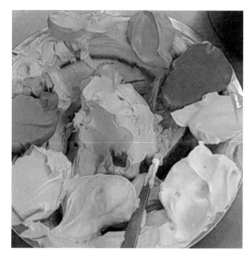

图 6-3-8　配色

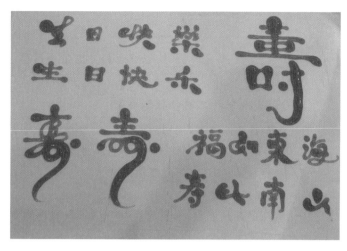

图 6-3-9　字词

❷ **选用适宜的文字排列布局**　根据图案中其他纹样的色彩,选择明度、色度适宜的文字排列布局。

（六）裱花图案

裱花成型中的图案可分为平面图案、立体图案以及平面和立体相结合的综合性图案。平面图案一般由纹样、构图、色彩组成;立体图案一般由形态、装饰、色彩等方面组成(图6-3-10、图6-3-11、图6-3-12)。

图 6-3-10　图案 1

图 6-3-11　图案 2

图 6-3-12　图案 3

三、面塑造型

面塑造型是指将面粉(或澄粉)加水及其他辅料(油、蛋清、鱼胶粉等)调制成可塑性强的面坯,经捏塑、编织,做成动物、植物及其他物品形态的装饰品的工艺过程。面塑造型按实用性分为具有可食性的、观赏性的、点缀作用的三种(图 6-3-13)。

（一）面塑造型的特征和要求

面塑造型不仅应该使面点制品体现形象美,给人一种艺术美的享受,而且还要在一定程度上反映某一历史时期、某一国家的科学技术和文化水平。面塑造型要求设计精、形象美、内容新、难度高,要"古为今用,洋为中用"。

（二）面塑造型分类

以外观形象分类可分为自然形态、几何形态、象形形态三种。

图 6-3-13　面塑

113

（三）面塑造型的工艺流程

构思→选料→加工→造型→装饰→成型

（四）面塑造型的工艺步骤和要求

（1）首先要设计图案、构思造型。

（2）分析研究材料和制作工艺，按销售对象决定采用手工成型还是印模成型。

（3）造型不仅要形似，而且要神似。

（4）造型的材料要符合本国家、本民族、本地区的传统饮食习惯，审美情趣要高雅。如具有中国饮食文化特点的苏州船点，形象逼真、栩栩如生，被称为食品中的艺术品。

面点的成型是整个面点制作过程中的中心环节。它需要有很强的技艺性和艺术性，要求面点制作人员有广泛的知识和扎实的基本功作后盾，使成型后的成品或半成品合乎工艺要求。成型过程经常要利用机械，面点师一定要掌握机械的使用方法。只有完全掌握了成型工艺，能得心应手地运用各项技能，才能和其他制作过程融会贯通，在传统的基础上创新出优，丰富市场上的花色品种，满足广大人民日常饮食的需求。

单元四 面点造型特点及其要求

中国饮食文化历史源远流长，其中，中式面点品种繁多。经过数千年面点师们的创新发展，中式面点的基本形态丰富多彩，造型逼真，例如几何形、象形、自然形等。

一、面点的形态

❶ **包类** 主要指各式包子（图 6-4-1），属于发酵面团。其种类、花样极多，根据发酵程度分为大包、小包。根据形状分为提褶包，如三丁包子、小笼包等；花式包，如寿桃包、金鱼包等；无缝包，如糖包、水晶包等。

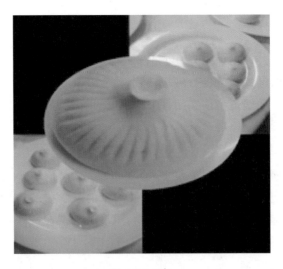

图 6-4-1 包

❷ **饺类** 饺类是我国面点的一种重要形态，其形状有木鱼形，如水饺、馄饨等；月牙形，如蒸饺、

锅贴、水饺等;梳背形,如虾饺等;牛角形,如锅贴等;雀头形,如小馄饨等;还有其他象形品种,如花式蒸饺等。按其用料分则有水面饺类,如水饺、蒸饺、锅贴;油面饺类,如咖喱酥饺、眉毛饺等;其他类,如澄面饺、玉米面蒸饺、米粉制的红白饺子等(图 6-4-2、图 6-4-3)。

图 6-4-2 饺 1

图 6-4-3 饺 2

❸ **糕类** 糕类多用米、面粉、鸡蛋等为主要原料制作而成。米粉类的糕有松质糕,如五色小圆松糕、赤豆猪油松糕等;黏质糕,如猪油白糖年糕、玫瑰百果蜜糕等;发酵糕类,如棉花糕等。面粉类的糕有千层油糕、蜂糖糕(图 6-4-4)等。蛋糕类有海绵蛋糕(图 6-4-5)、花式蛋糕等。其他的还有山药糕、马蹄糕、栗糕、花生糕等用水果、干果、杂粮、蔬菜等制作的糕。

图 6-4-4 蜂糖糕

图 6-4-5 海绵蛋糕

❹ **团类** 团类常与糕并称糕团,一般以米粉为主要原料制作,多为球形。品种有生粉团,如汤圆(图 6-4-6)、鸽子圆子等;熟粉团,如双馅团等;其他,如果馅元宵、麻团(图 6-4-7)等品种。

❺ **卷类** 卷类用料范围广,品种变化多。品种有酵面卷,可分为卷花卷,如四喜卷、蝴蝶卷、菊花卷等;折叠卷,如猪爪卷、荷叶卷等;抻切卷,如银丝卷(见图 6-4-8)、鸡丝卷等;米(粉)团卷,如如意芝麻凉卷(图 6-4-9)等;酥皮卷,如榄仁擘酥卷等;饼皮卷,如芝麻鲜奶卷等;其他,如春卷等特殊的品种。

❻ **饼类** 饼类为我国历史悠久的面点品种之一。根据坯皮的不同可以分为水面饼,如薄饼、清油饼、家常饼(图 6-4-10)等;酵面饼类,如黄桥烧饼、酒酿饼、喜饼(图 6-4-11)等;酥面饼类,如葱油酥饼、苏式月饼等;其他,如米粉制作的煎米饼,蛋面制作的肴肉锅饼,果蔬杂粮制作的荸荠饼、桂花栗饼等。

图 6-4-6　汤圆

图 6-4-7　麻团

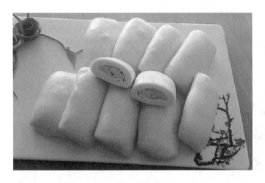

图 6-4-8　银丝卷

图 6-4-9　芝麻凉卷

图 6-4-10　家常饼

图 6-4-11　喜饼

❼ **酥类**　酥类大多为水油面皮酥类。按照表现方式分为明酥（图 6-4-12），如鸳鸯酥、藕丝酥等；暗酥，如双麻酥饼等；半暗酥（图 6-4-13），如苹果酥等；其他，如桃酥、莲蓉甘露酥等混酥品种。

❽ **面条类**　主要指面条、米线等长条形的面点。面条类有酱汁卤面（图 6-4-14），如担担面、炸酱面（图 6-4-15）、打卤面等；汤面，如清汤面、花色汤面等；炒面，如素炒面、伊府面等；其他，如凉面、

烟面、烩面等品种。云南的过桥米线等也属于面条类制品。

图 6-4-12　明酥

图 6-4-13　半暗酥

图 6-4-14　酱汁卤面

图 6-4-15　炸酱面

❾　**饭类**　饭类是我国广大人民尤其是南方人的主食,可分为普通米饭和花式饭两种。普通米饭又分为蒸饭、焖饭等,花式饭则可分为炒饭、盖浇饭、菜饭和八宝饭等。

❿　**粥类**　粥类也是我国广大人民的主食之一,分为普通粥和花式粥两类。普通粥又分为煮粥和焖粥。花式粥则可分为甜味粥,如绿豆粥、腊八粥等;咸味粥,如鱼片粥、皮蛋粥(图 6-4-16)等。

皮蛋粥制作

图 6-4-16　皮蛋粥

⓫　**冻类**　冻类为夏季时令品种,以甜食为主,如西瓜冻、杏仁豆腐等。

Note

⑫ **其他类** 除了前面已提到的面点形态外,还有一些常见的品种如馒头、麻花、粽子、烧卖等也是人们所喜爱的。

二、面点造型特点

我国面点的造型种类繁多,不同的品种具有不同的造型,即使同一品种,不同地区、不同风味流派也会千变万化,造型逼真。但从总体上看,面点的外形都有一定的特征,概括起来有以下几个方面。

❶ **几何形态** 几何形态是造型艺术的基础。几何形态在面点造型中被大量采用,它模仿生活中的各种几何形状制作而成。几何形又可分为单体几何形和组合式几何形。单体几何形如汤圆、藕粉团子的圆形;粽子的三角形、梯形;方糕的方形;锅饼的长方形;千层油糕的菱形等。立体裱花蛋糕则是由几块大小不一的几何形组合而成,再加上与各种裱花造型的组合,形成美观的立体造型(图6-4-17)。总体上看,这种蛋糕即属于组合式几何形。

图 6-4-17　几何造型

❷ **象形** 象形形态可分为仿植物形和仿动物形。

(1)仿植物形:面点制作中常见的造型,尤其是一些花式面点,讲究形态,往往是模仿自然界中的植物,如花卉,像船点中的月季花、牡丹花;油酥制品中的荷花酥、百合酥、海棠酥、苹果酥(图6-4-18);水调制品中的兰花饺、梅花饺等。也有模仿水果的,像酵面中的石榴包、葫芦包、寿桃(图6-4-19)等,而船点中就更多了,柿子、雪梨、葡萄、橘子、苹果等;模仿蔬菜的有青椒、萝卜、蚕豆、花生等。

图 6-4-18　苹果酥

图 6-4-19　寿桃

(2)仿动物形:也是较为广泛的一种造型,如酵面中的刺猬包、金鱼包、蝙蝠夹、蝴蝶夹等;水调面点中的蜻蜓饺、燕子饺、知了饺、鸽饺等；船点中就更多了，如金鱼、玉兔、雏鸡、青鸟、玉鹅、白猪等（图6-4-20）。

❸ **自然形态**　采用较为简易的造型手法使点心通过成熟而形成的不十分规则的形态，如开花馒头，经过蒸制自然"开花"。其他如开口笑、宫廷桃酥、蜂巢蛋黄角、芙蓉珍珠饼等也是在成熟过程中自然成型的。

三、面点形状要求

我国面点的成型从成型方式看有手工成型、印模成型、机器成型三种。面点造型中的一系列操作技巧和工艺过程都要围绕食用和增进食欲这个目的进行，首先是好吃，其次才是好看，既能满足人们对饮食的欲望，又能使人们产生美感。即使是以味美为主的面点，也有具体的形态作为依托。所以面点形状要求主要表现在以下几个方面。

❶ **造型力求简洁自然**　我们在制作面点时，要力求简洁、明快、向抽象化方向发展。一方面因为制作面点的首要目的是食用，而不是欣赏；另一方面，过分讲究逼真，费时费

图 6-4-20　仿动物面塑

工，食品易受污染，不符合现代快节奏生活的需要。简洁、明快、自然，既能满足食欲，又卫生，是追求的方向，那种烦琐装饰、刻意写实的做法要坚决摒弃。

❷ **讲究形象生动**　我国面点的形主要在面团、坯皮上加以表现，历来面点师们就善于制作形态各异的花卉、鸟兽、鱼虫、瓜果等，增添了面点的感染力和食用价值。面点的味好、形好，不但可以使人饱腹，而且可以带来美好的艺术上的享受。

面点造型对于题材的选用，要结合时间因素和环境因素，宜采用人们喜闻乐见、形象简洁的物象为佳，如金鱼、白兔、玉鹅、蝴蝶、鸳鸯等。要善于抓住物象的主要特征，从生活中提炼出适合面点的艺术造型。可通过运用省略法、夸张法、变形法、添加法、几何法等手法，创造出既形象生动又简洁的面点。例如裱花蛋糕中用于装饰的月季花，往往省略到几瓣，但仍不失月季花的特征；"金鱼饺"着重对金鱼眼和金鱼尾进行夸张则更加形象；"蝴蝶卷"则把蝴蝶身上复杂的图案处理成对称的几何形，既形象生动又简便易行。

单元五　面点装饰工艺与色彩

一、构图

❶ **构图的概念**　构图指面点制品在装盘时的一种艺术加工方法，原则一般要求统一、对比协调、主次分明等。

❷ **对称与均衡的概念**　对称是一种等形等量、有序的排列，对称中心为一点的称为中心对称；均匀就是以盛装器皿的中心线为轴，两边等量不等形，它是比对称更进一步的、更活泼的美，是通过艺术手段实现的一种感觉上的平衡。

❸ **圆心与圆周对称、环形与圆周对称的概念**　圆心与圆周的对称是利用圆的向心作用，使构图产生一种整体的对称美；环形与圆周对称给人以紧密感和光环的旋转美，圆心与圆周的对称是装盘过程中最主要的对称表现形式。

④ **均等对称、对角对称的概念**　均等对称是将面点制品整齐地排列,给人以整洁、均衡的感觉,可以有四边均等、六边均等,它给人以整体美、和谐美和充实美;对角对称是将面点制品摆放成不同的三角形或四边形等形状,使角与角相对排列的方法,这种装盘构图方法使整盘面点显得典雅而庄重。

⑤ **太极对称的概念**　太极对称的相互偶对性,正负有对、阴阳相依的普遍规律,寄托了人们成双成对、吉祥美好的愿望,中国古老的太极图形越来越多地被运用到烹饪构图中。

⑥ **节奏与旋律的概念**　节奏是有规律的变化,给人以美的感受;旋律是在节奏的基础上产生的强弱起伏、缓急动静的优美情调,面点构图的旋律大致有向心律、离心律和回旋律三种。

⑦ **向心律、离心律、回旋律的应用**　向心律是向着圆形或椭圆形中心,有节奏地从外往里排列,适用于单一品种的面点造型;离心律是向着圆形或椭圆形中心,有节奏地从里往外排列,也适用于单一品种的面点造型;回旋律是从外线开始向内做旋律上升的构图方法,有向心回旋、离心回旋和边线回旋。

⑧ **多样与统一的特点**　包括两种基本类型,即对比和调和。对比是指各种对立因素之间的统一,相辅相成,对比构图动感强,活泼生动,构图形式美的基本规律与最高法则就是多样的统一。

⑨ **调和的特点**　非对立因素互相联系的统一,形成比较显著的变化,叫作调和。调和构图静感性强、庄重大方,表现出相容一致的性质。

二、色彩

① **色彩术语**　光色指光源本来的颜色;色度指颜色的深浅程度;色相指颜色的相貌;纯度指色彩的纯净程度;暖色是能给人以热烈而温暖感觉的颜色,如红色、黄色等;冷色是能给人以凉爽感觉的颜色,一般指绿色、蓝色等。

② **具体的联想**　红色会让人具体联想到火、血和太阳等;橙色会让人具体联想到灯光、柑橘和秋叶等;绿色会让人具体联想到草地、树叶、禾苗等;紫色会让人具体联想到丁香花、葡萄和茄子等。

③ **抽象的联想**　红色能够使人联想到热情、危险和活力等;黄色能够使人联想到光明、希望和快乐等;绿色能够使人联想到和平、安全、新鲜和成长等;白色能够使人联想到纯洁、神圣和光明等。

④ **颜色的味觉表现力**　红色是与味道极为密切的颜色,给人印象强烈,味觉鲜明,感到浓厚的香味和酸甜的快感;黄色多有清香的感觉、鲜美之感略逊于红色;绿色给人以明媚、鲜活、自然之感;茶色是红茶、咖啡、巧克力、可可所具有的本色,给人以浓郁芳香的美感;黑色给人以糊苦感。

三、盘饰

（一）盘饰概述

① **盘饰的概念**　盘饰又称面点的围边设计,它是在传统面点工艺基础上,运用现代面塑的手段设计制作出各种造型,通过合理围饰、点缀或组装,使面点制品组合成完美的艺术图形的工艺过程。

② **盘饰的总体要求**　盘饰的总体要求以美化为标准,以简洁为原则,以色彩和谐、艳丽为目标,最终达到色、形、意俱佳的效果。

③ **盘饰器皿的要求**　一般情况下,用于装饰的器皿最好是纯白色的。

④ **盘饰卫生的要求**　盘饰作品必须按可食性设计,盘饰原料必须进行消毒处理,为保证健康,有些盘饰原料要进行加热处理。

（二）盘饰原料

① **混合面料的调制方法**　盘饰中的混合面料面粉与蜂蜜的比例一般为10：1。

② **澄粉面料的调制方法**　将澄面、面粉、糯米粉、蜂蜜放入盆中,倒入沸水,调和均匀,软硬适

度,取出置于大理石案上,反复搓擦揉匀,加入猪油,搓擦至面坯滑润即可。

❸ **糖膏的调制方法** 糖膏是由糖粉与蛋清经搓擦制成的。制作时糖粉要过箩,加入醋精两滴,搅好的糖粉用湿布盖好待用。

❹ **油膏的调制方法** 用不锈钢锅熬制糖水,糖水晾凉后再用,糖水要逐次加到软化的黄油中,充分搅拌均匀。

❺ **盘饰原料的储存方法** 存放地点必须干燥、通风,忌高温、潮湿,避免异味感染,原料应整齐地码放在干净的容器内,且原料之间留有空隙,温度应控制在 $1 \sim 5\ ℃$。

(三)盘饰基本技法

❶ **面点装饰基本技法** 常用的面点装饰技法有线描法、点绘法、平涂法、晕染法、镶嵌法、盖印法、拼摆法等。线描法是利用线的粗细、曲直、方圆、长短、疏密、轻重等变化表现物象的轮廓和立体感的装饰工艺技法;点绘法是利用点的大小、方圆、疏密、规则与不规则的变化,构成物象的轮廓,形成有明暗立体图案的装饰工艺技法。

❷ **琼脂的使用方法** 用琼脂调制裱花糖膏,可使裱花图案的表面呈胶体状,起到美化、装饰的作用。裱花工艺中,若琼脂糖浆熬制后不过箩滤去小硬块,会造成裱花口堵塞,使裱口破裂。

❸ **蛋白的使用方法** 裱花工艺中,调制蛋白膏时最好选用浓稠度高、韧性好的新鲜蛋白。

❹ **原料间的比例** 一般来说裱花工艺中,凡用来挤注花形的糖膏,要求塑型性良好,糖的比例可稍小,蛋清的比例应加大;凡用来涂面或夹心的糖膏,因塑型性要求不高,糖的比例可稍大。

❺ **裱花工具的使用方法** 应正确使用裱头,裱头高,挤出的花纹瘦弱无力,齿纹易模糊;裱头低,挤出的花纹肥大粗壮,齿纹清晰。裱注时用力大,花纹粗大有力;用力小,花纹纤细柔弱。不同的裱注速度,制成的花纹风格也大不相同。

模块小结

本模块主要讲解了面点制品的花色形态、成型方法;介绍了三种具有典型代表意义的成型方法、技术关键;阐述了面点造型的特点要求;强调了成型技艺在面点制作过程中的重要意义;归纳总结了各种手工成型手法的运用和技巧、器具成型的具体实施、艺术成型技法的产生和运用、面点装饰工艺的构图与色彩以及盘饰。要求学生通过学习对面点成型有一个基本的理解,了解面点成型的制作过程,达到做出完美形态面点的境界。

思考与练习

1. 裱花工艺的要领有哪些?
2. 成型在面点制作中有什么意义?
3. 常用的手工成型技法有哪些?
4. 面塑造型的工艺步骤和要求有哪些?
5. 面点形态有几大类?
6. 面点形状要求主要表现在哪几个方面?
7. 盘饰基本技法有哪些?

熟制方法

　　熟制,即对成型的面点生坯(或原料)运用各种方法加热,使其在温度的作用下,发生一系列的变化,成为符合质量标准的熟制品。

　　熟制在面点制作中是多数品种的最后一道工序,也是十分重要的工序。制品的质量能否达到标准,熟制起决定性作用。特别是熟制的火候,对制品的质量有着直接的影响,如果掌握得恰到好处,既能使面点制品达到软酥、松脆等不同特色,又能使制品形态完整,色泽美观,口味纯正。因此,行业内俗话说:"三成做,七成火。"

单元一　熟制的作用和质量标准

一、熟制的作用

　　加热熟制的作用不言自明,不经过加热成熟阶段,制品就无法食用,不仅如此,它对制品的质、色、味、形等方面,都起着决定性的作用。

　　❶ **确定和体现制品的质量**　无论何种面点,在制团、制皮、上馅、成型加工等过程中,都会形成一定的质量特色。但这些质量特色,必须经过熟制,才能确定和体现出来。面点制品的质量主要从质、色、味、形等方面来体现。面点制品的熟制方法,如果用之得当,做得细致认真,就能把制品在生制过程中的原有质量加以充分体现,反映出制品的各种特色。如蒸制品体大膨胀,光润洁白;炸制品组织酥软,色泽金黄等。相反,熟制不好,在色泽形态上就会出现很多问题。如蒸出的馒头干瘪变形,色泽暗淡灰白;煮饺破肚,露馅;烙饼色泽变黑;煮的面条粘连,烂糊等。再如,关于馅心口味方面,熟制火候适当,加热时间适宜,馅心就能鲜香美味,而欠火的馅心,就没有味或产生其他异味,过火的馅心,或因外皮破裂流失,或被水分浸入,都不能保住馅心的原味。即使纯粮面点,如果火候不到,也没有香味,由此可见,熟制是保证面点质量的主要环节。

　　❷ **改善制品的色泽,突出制品的形态**　熟制方法掌握得当,不仅体现面点制品的原有质量,而且还能进一步起到改进制品的色泽、突出制品形态、增加香味的作用,使制品的质量"锦上添花"。如"蛋花酥"经油炸后,不但使其形状犹如盛开的菊花,而且色泽也更加美丽,进一步体现了秋菊的金黄景观。再如"荷花酥""开花馒头",制品成熟后,不仅能达到淡黄、洁白等特色,而且还可使制品充分体现出清晰的层次、牡丹般的花瓣等优美的姿态。

　　❸ **提高制品的营养价值**　熟制不但能使制品由生变熟,成为人们容易消化、吸收的食品,而且还能大大提高制品的营养价值。如利用油脂传热的煎、烙、炸等制品熟制后,既具有酥、香、脆等特点,同时制品本身又吸收了一定的油脂,油脂是人体必需的营养素,因此熟制后的制品的营养价值有所提高。

　　我国面点制品形态多、色泽美、口味好、具有浓厚的民族特色。除调制面团、制馅和成型加工技术外,多种多样的熟制方法和技巧,也是一个重要因素。掌握不好这一环节,不但严重影响制品的质量,而且会造成不可挽回的损失。因此,在面点制作中,掌握好熟制这个过程是十分必要的。

二、熟制的质量标准

　　制品经过熟制后,都要达到规定的质量标准。由于面点制品种类繁多,特色各异,要求达到的质量标准也各有不同。但从总的方面来看,不外乎质、色、味、形四个方面。其中色与形两个方面,是就面点制品外观而言,是通过人们的视觉来体现;质和味两方面则是就面点制品内部质量而言,是通过制品的口感来体现。另外,制品的重量,也是检验制品的标准之一。

❶ **外观** 制品的外观包括色泽和形体两个方面。色泽是指成品的表面颜色与光泽,无论哪一种面点,都应达到规定要求。如蒸的制品,颜色不花、光泽均匀;酵面制品还要碱色正;炸、烤的制品,一般要达到金黄色、色泽鲜明,没有焦煳。形体是指制品外形的形态,要求形态符合制作要求,饱满、均匀、大小、规格一致,花纹清楚,收口整齐,没有伤皮、露馅、歪斜、塌陷等现象。

❷ **内质** 制品的内质包括口味和质地两方面。所谓口味就是成品在口腔中所感觉出的味道,一般要求香味正常、咸甜适当、滋味鲜纯,任何面点都不应有酸、苦、过咸、哈喇等怪味和其他不良味;所谓质地就是指成品的内部结构组织爽滑细腻或松软酥脆等,不能有夹生、黏牙以及污染等现象。包馅心与不包馅心的要求也不相同,包馅心的品种,包馅应位置正确,切开后,坯皮上、下、左、右厚薄均匀,并保持馅心的应有特色。

❸ **重量** 重量就是指面点熟制后的分量。制品的重量取决于其生坯的重量,但熟制对制品的重量也有一定的影响。在熟制中,有些制品水分挥发(如烤、烙制品),熟品分量少于生坯分量,对容易失重的面点,在熟制时应掌握好火候和加热时间,避免失重过多影响质量。

单元二 加热方法

面点制品种类繁多,加热方法也多种多样,大体可分为两大类,一类叫单加热法,即通过一次加热使制品成熟;另一类叫复合加热法,即通过两次及两次以上的加热方法使制品成熟,但大多数品种成熟方法采用单加热法,这是因为:第一,面点制品的坯皮,大都为粮食粉料制成,性质较为柔软,不适宜多次反复加热;第二,制品大多是成型后熟制,体积较大,各有不同形态,多次反复加热,对保持制品的形态完整不利,特别是某些制品主要以形态来体现其特色,就更不宜多次反复加热,如花色蒸饺等;第三,有的制品包有馅心,多次加热容易使其产生皮软、塌破、裂口,或肉馅过熟,口味减弱等现象;第四,面点制品种类繁多,特色各异,有的要求爽滑、松软,有的要求酥脆,用单加热法,不仅容易掌握,而且形态美观;第五,复合加热法对制品的营养成分破坏较大,特别是带馅品种,易造成馅心流失。

根据上述情况,要适应皮坯性质,保持形态完整,内外成熟一致,达到特色要求,都应以操作不太复杂、火力均匀的加热方法为宜,单加热法正符合这一要求,所以,单加热法就形成了制品成熟的操作特点。至于复合加热法,也是因某些制品的特殊需要而产生的,但品种极少,下面的介绍以单加热法为主。

一、蒸、煮

蒸、煮法是面点制作中最广泛、最普遍的两种熟制法,由于使用的工具传导体和传热方式不同,因而蒸、煮适用的范围和形成制品的特点也不完全相同。

(一)蒸

蒸,就是把面点制品的生坯放在笼屉(或蒸箱)内,利用蒸汽温度的作用使其生坯成熟的一种方法,行业内把这种熟制法叫作蒸或蒸制法。其成品叫蒸制品或蒸食。

❶ **蒸制成熟的原理和特点** 蒸制成熟的原理简单地说就是当生坯上屉后,屉中的蒸汽温度通过热传导的方式,把热量传给生坯。生坯受热后,淀粉和蛋白质就发生了变化,淀粉受热开始了膨润糊化,在糊化过程中吸收水分变为黏稠胶体,出屉后温度下降,就冷凝为凝胶体,使制品具有光滑的

表面。蛋白质受热后,发生了热变性,开始凝固,并排出了其中的"结合水"(即和蛋白质结合在一起的水)。温度愈高,变化愈大,直至蛋白质完全变性凝固,这样制品也就成熟了。由于蒸制品多用膨松面团,酵母和膨松剂产生的大量气体,使生坯中的面筋网络之间形成大量的气泡,而使制品呈多孔结构,形成富有弹性的海绵膨松状态。

蒸制品的成熟是由蒸锅内的蒸汽温度所决定的,但蒸锅内的温度和湿度与火力大小及气压高低有关。一般来说,蒸汽的温度大多在 100 ℃以上,只要加盖密封并保持火力即可达到饱和状态,使温度高于煮的温度而低于炸、烤的温度。蒸制品经熟制后,能形成以下几个特点。

(1)适应性强:蒸制法是面点制作中应用最广泛的熟制方法。除油酥面团和矾碱盐面团外,其他各类面团都可使用。特别适用于酵母膨松面团和米粉面团、水调面中的热水面团和物理膨松面团制品等。

(2)膨松柔软:在蒸制过程中,保持较高温度和较大湿度,制品不仅不会出现失水、失重和碳化等现象,相反还能吸收一部分水分,膨润凝结。加上酵母和膨松剂产生气体的作用,大多数制品组织蓬松,体积胀大,重量增加,富有弹性,冷却后形态光亮,口感柔软、香甜美味。

(3)形态完整:这是蒸制法的显著特点。面点形态是一个重要的方面,特别是花色品种,形态是面点制作的突出特点。保持形态完整不变,也是熟制中的重要内容。在蒸制中,自生坯摆屉后,制品就不再移动,直至成熟下屉。因而成品能保持完整形态。

(4)馅心鲜嫩:在蒸制过程中,由于面点中的馅心不直接接触热量,并且是在较高的、饱和的温度下成熟的。所以馅心卤汁较多而不易挥发。这样不但保持鲜嫩,而且也容易内外成熟一致。

❷ **蒸制操作法** 蒸制操作法有两种,一种是用蒸锅蒸制,另一种是蒸箱蒸制,现着重讲一下常用的蒸锅蒸制法。

(1)蒸锅加水:锅内加水量应以六分满为宜。过满,水热沸腾,冲击浸湿笼屉,影响制品质量;过少,产生蒸汽不足,易使制品干瘪变形,色泽暗淡等。另外,在每次蒸制前,都要检查水量,加足水后再进行蒸制。

(2)生坯摆屉:摆屉前应先垫好屉布或其他可垫物,后将生坯摆入蒸屉。摆屉时要按统一的间隔距离摆好放齐。其间距要使生坯在蒸制过程中有充分的膨胀余地,以免黏在一起。另外还要注意口味不同的制品、成熟时间不同的制品不能同屉蒸。

(3)蒸前饧放:蒸制的面点品种上屉前有的需饧放一段时间,特别是酵母膨松面团等品种,成型后静置一会可使蒸制品具有弹性的膨松组织。但饧面的温度、湿度和时间,又直接影响制品的质量。饧面的温度过低,蒸制后胀发性差,体积不大;饧面的温度过高,生坯的内部气孔过大,组织粗糙。另外,饧面的湿度小,生坯的表面易干裂;湿度大,表面易结水,蒸制后产生斑点,影响质量。又如,饧面的时间过短,起不到饧面的作用;过长又会使制品软塌。所以饧面时应保持一定的温度和湿度并注意饧面的时间。

(4)水沸上屉:无论蒸制什么品种,首先必须把水烧开,蒸汽上升时,才能放上笼屉。在蒸制过程中,笼屉盖要盖紧,防止漏气,一般中途不易掀动,以便保持屉内温度均匀。

(5)蒸制时间:蒸制时只有掌握制品的成熟时间才能保证制品的质量。由于面点的品种不同,所用生坯、原料、质量的要求也不同。正确掌握制品的成熟时间,主要应根据成熟品种的难易来掌握火候。一般来说,纯面制品馒头、麦穗包子(图 7-2-1)、蒸饼等,旺火汽足蒸 15~18 分钟。烫面制品,面皮已接近成熟,在蒸制时主要是使馅料成熟,如烫面饺、花色蒸饺等蒸 10~12 分钟,其他花色及熟馅制品时间还要短一些,蒸 6~8 分钟,如水笼汤包、什锦素包等。总之,正确掌握熟制时间是使制品达到成熟,并保持质、色、味、形俱佳的重要环节,必须掌握恰到好处。

(6)成熟下屉:制品成熟后要及时下屉。制品是否已经成熟,除正确掌握蒸制时间外,还可进行制品检验,如馒头看着膨胀,按着无黏感,一按就膨胀起来,并有熟面香味即是成熟;反之膨胀不大,

图 7-2-1 麦穗包子成品

手按发黏,凹下不起,又无熟食香味即未成熟。另外,下屉时还可揭开屉布洒些冷水,以防屉布黏皮。拾出的制品要保持表皮光亮,造型美观,摆放整齐,不可乱压乱挤。有馅心制品要防止掉底漏汤。因此下屉要及时。

❸ **蒸制的技术关键** "蒸食一口气",这句行业俗语道出了蒸制的关键。也就是说,用蒸汽加热,要用大火急汽一次蒸好。制品的质量与蒸锅的温度和湿度有直接的关系。温度高,湿度适宜,则制品膨松柔软,洁白光亮;反之,制品则干瘪软塌、暗淡灰白。大多数制品品种在蒸制中都需要旺火汽足一气呵成,以保持锅内有足够的蒸汽和屉内均匀的温度和湿度。如"开花馒头"只有火旺汽足才能使其形似牡丹花瓣开放,膨松洁白。但也有些制品需用中火、小火或先旺后中,先中后小等。如带馅制品,一直用旺火易造成皮裂馅露的现象。另外,蒸制时还应注意笼盖必须要盖紧并围一圈湿布防止漏气,中途也不能开盖。只有正确地掌握蒸制中的每一个环节,才能使制品达到质、色、味、形俱佳的质量标准。

(二)煮

煮,就是把成型的面点生坯投入沸水锅中,利用水受热产生温度对流的作用使制品成熟的一种方法。其成熟原理与蒸制相同。煮的使用范围也很广泛,主要有面制品和米制品两大类。面制品如面条、饺子、馄饨(图 7-2-2)等;米制品如汤圆(图 7-2-3)、元宵、粥饭、粽子(图 7-2-4)等,都是采用煮的方法使之成熟的。

图 7-2-2 馄饨成品

图 7-2-3 汤圆成品

汤圆制作

图 7-2-4 粽子成品

❶ 煮制的特点

(1) 成熟时间长:煮制是靠水传热使制品成熟的,正常气压下最高温度为 100 ℃。在煮制时大部分时间达不到这个温度,所以是各种熟制法中温度最低的一种方法。加之水的导热能力不强,仅仅是靠对流的作用,因而制品受到高温影响较少,成熟较慢,加热时间较长。

(2) 馅心鲜嫩:由于包馅制品是在较大的湿度下成熟的,所以在熟制过程中制品的皮坯可吸收一部分传热介质的水分,使皮坯的吸水量基本接近饱和,这样皮坯吸收馅心中水分的机会就大大减少了,可使馅心基本保持原有的水分,达到鲜嫩的特点。

(3) 制品滑爽,重量增加:制品在水中受热直接与大量水接触,淀粉颗粒在受热的同时能充分吸水膨胀,因此煮制的制品大多较结实、筋斗,成熟后重量增加。

❷ 煮制的操作方法

(1) 沸水下锅:煮制品下锅,一般先要把水烧沸,然后才能把生坯下锅。淀粉和蛋白质在水温 65 ℃以上才能吸收膨胀和热变性。所以只有水沸下锅,制品生坯才能适应水温,使制品达到表面光亮,口感有劲的特点,否则制品发黏,表面失去光泽,口感黏糯。

(2) 掌握数量,依次下锅:生坯下锅时不要堆在一起下,要随下随搅动,防止制品受热不匀造成相互粘连或粘锅底的现象。另外生坯的数量也不要过多,以保持锅中的温度,使水尽快沸腾。

(3) 下锅后,盖上锅盖,沸后轻轻搅动,使制品受热均匀,防止粘连或粘锅底。

(4) 保持水沸,及时点水:水要自始至终保持开沸状态,但又不能大翻大滚,这叫沸而不腾,如果滚沸时,应适当加点冷水,这就是"点水",可使锅中水面暂时平静,使制品不碎不破。

(5) 灵活运用火力:由于煮制的品种较多,在火力的运用上也有所不同。一般来说,制品刚下锅时火力要旺,使锅中水尽快沸腾,开沸后应保持火力。

(6) 检查制品的成熟质量:制品的成熟与否一般是看制品坯皮中是否带有"生茬"。如煮面条,掐断或咬断,在面条中心有"白点"的即未成熟,没有"白点"的即是成熟。另外还可看一下制品表面的滑腻感强不强,过黏则不熟;煮水饺可检查一下是否有硬心;汤圆可检查一下有无弹性。还有许多品种,需要在实践中去体验。

❸ 煮制的技术关键 要使制品煮得熟透、形状完美,除掌握好操作方法外,还应注意以下几点。

(1) 锅内水量要足:行话叫"水宽",即水量比制品要多出几倍。这样能使制品在水中有充分的滚煮余地,并使其受热均匀,不至粘连,汤不易浑,清爽利落。

(2) 掌握好"点水"的次数和煮制的时间:点水的次数和煮制的时间要根据制品的品种和生坯的性质来掌握。一般来说,煮制一锅制品要点 2~3 次水,但也有些特殊制品,如馄饨、三鲜面条(图7-2-5)等下锅煮好后,就必须捞出,否则时间一长就容易煮烂粘连。如遇到皮厚馅大的制品,如水饺、元宵等,不但煮的时间要长,而且还得多点几次水,才能使制品内外俱熟,皮透馅鲜。所以按照制品的品种、性质确定煮的时间是十分重要的。

(3) 保持锅内水量和清洁:连续煮制时,要不断加水。当水变得浑浊时,则要重新换水,以保持锅内水质清澈,使成品质量优良。

(4) 不断搅动:煮制时制品容易沉底,特别是刚下锅时要不断用工具轻轻搅动,使之浮起,防止粘底煮烂。

(5) 捞熟制品要快、准:熟后的制品容易破裂,故要练好这项基本功,捞熟制品时要做到既快又准。

以上煮的方法及关键主要是针对大多数品种来讲的。有些特殊品种,情况就不同了。如煮制八宝粥(图7-2-6),因为各种原料对火候要求不同,要依据顺序先后下锅,掌握加热时间,使各种原料充分涨发,达到最后成熟程度一致,用小火微开焖煮至烂。总之要根据具体情况、具体品种,灵活运用,不可生搬硬套。

图 7-2-5　三鲜面条成品

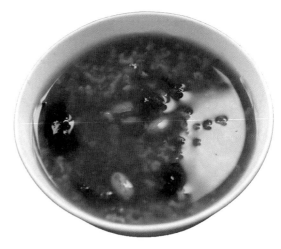

图 7-2-6　八宝粥成品

二、炸、煎

炸、煎是利用油脂传热使制品成熟的方法。油脂加热能产生高温（200 ℃以上），其制品口味香、酥、松、脆，色泽美观。其适用于多种面团，如油酥面团、矾碱盐面团、米粉面团、水调面团等。酥皮点心、油条、馓子、麻球（图 7-2-7）、锅贴（图 7-2-8）、馅饼、油炸糕（图 7-2-9）等品种都是应用这两种方法成熟的。

炸、煎虽都是用油脂传热，但操作中却有很大区别。炸制是制品在多油量的油锅中成熟。煎制是制品在平锅中，用小油量传热成熟的。由于成熟方式不同，所制成品的特点也就各不相同。

图 7-2-7　麻球成品

图 7-2-8　锅贴成品

图 7-2-9　油炸糕成品

（一）炸

炸是将成型的生坯投入多油量的油锅中,利用油脂热传导的作用,使制品受热成熟的一种方法。

炸是一种应用比较广泛的熟制方法。油脂受热后能产生较高温度,它主要是通过传导和对流的方式,把热量传递给制品生坯,使制品成熟的。用于炸的面点品种非常多,因此对油温的高低也有不同的需要。有的需要高温,有的需要低温,有的需要先高后低,有的需要先低后高,情况较为复杂,大体上,面点炸制所需要的油温可分为温油和热油两大类。

❶ **温油炸制法**　温油炸制法适用于较厚、带馅制品和油酥面团制品。操作时,一般将油温控制在 150 ℃左右,行业称为"五成油",以油酥制品为例,一般是五成油下锅,炸制过程中为了保持油的温度,待温度升高时,要将锅端离火眼。油温下降时,再将锅端上火,这样边炸边端上端下,直至成熟。采用温油炸制,能使制品内的油分不断缓出,待制品接近成熟出锅时,再将油温稍微升高,这样不但使制品起酥充分,而且不至于浸油过多。但有些花色品种中为了取得某些效果,如呈现花形等,就要采取低温油炸制法,如荷花酥,就要在油温三四成热时下锅,油温高了,不是不开花,就是炸"死"或炸"飞"。采用温油成熟的制品的特点是外脆里酥,色泽淡黄,层次张开而又不碎散。

❷ **热油炸制法**　热油炸制法适用于矾碱盐面团及较薄无馅制品,制品下锅时,油温一般控制在七成热,即 200 ℃以上。油温不足,就会影响成品的色泽和口感,如油条、麻花(图 7-2-10)等,若温油下锅,就易使制品出现色泽不金黄,口感软而不脆的现象。采用热油成熟的制品,其特点是色泽金黄、松发、膨胀、又香又脆。

图 7-2-10　麻花成品

油炸制品种类繁多,为保证成品质量,除应根据品种特点来掌握油温外,还应注意以下几个关键问题。

（1）火力不宜太旺：油温高低，是以火力大小为转移的。火力大则油温高，火力小则油温低，特别是油受热后，升温很快，很难掌握，操作时切不可使火力过旺。特别是初学者，若油温不够，可适当延长加热时间，若火力过旺时，就要将锅离火降温。总之，宁可炸制时间长一点，也不要使油温高于制品的需要，防止发生焦煳。

（2）油温高低必须掌握恰当：油温的高低直接影响制品的质量。油温低了，制品不酥不脆，色泽较淡，并且耗油量较大；油温高了，制品易出现焦煳，层次张不开等现象，油温的测定方法，有温度计测试和凭实践经验两种。油温过高时应采取控制火源、将锅离火、添加凉油或增加生坯制品的投入量等措施；油温低时，应加大火力和减少生坯的投入量等。这些措施应根据当时的具体情况适当采用。

（3）炸制时还应注意油和生坯的比例：一般来说，油和生坯的比例应为 5∶1，但也有的为 9∶1，还有的无须按比例。这些都应根据制品数量的多少、制品的不同品种、所用的器皿以及火源的强弱等条件来掌握。

（4）油锅内制品受热要均匀：生坯下锅后，往往因数量较多而互相拥挤，使制品受热不匀。所以制品下锅后，要用铁铲或笊篱翻动推搅，使其分开，受热均匀，成熟一致。但也有的品种，如酥皮类，刚下锅时则不要用铁铲或笊篱去翻动推搅。因酥皮类制品的面团韧性差，容易破碎或溶散于油中，因此要待制品浮上油面时，再用手勺轻轻翻动，容易沉底的制品，要放入漏勺中炸，防止落底粘锅。

（5）油质必须清洁：油质不清洁，影响热的传导或污染制品，使制品不易成熟，色泽变差。若用植物油，一定要事先熬过，待熟后才能用于炸制，防止带有生油味，影响制品风味，使用陈油，应及时清除杂质或更换新油。

（二）煎

煎，就是将成型的生坯放入平锅内，利用油脂、铁锅或蒸汽的传热，使制品成熟的一种方法。

煎是一种用油量较少的熟制方法。操作方法一般是在锅底平抹一层薄薄的油。用油量的多少，根据制品的不同要求而定，有的品种需油量较多，但不能超过制品厚度的一半，有的还需加点水，使之产生蒸汽，然后盖上锅盖，连煎带焖，使制品成熟。根据不同品种的需要，煎可分为油煎法、煎炸法和水油煎法三种。

❶ 油煎法 油煎法即将平锅烧热，把油均匀地布满锅底，再投入生坯，先煎一面，煎至变色，翻面再煎，煎至两面呈金黄色，内外四周都成熟为止。

油煎法制品从生到熟都不盖锅盖，制品紧贴锅底，既受锅底传热，又受油温传热，与火候关系很大。一般以中火，六成油温为宜，过高容易焦煳，过低则难以成熟。但制作既带馅又较厚的制品时，油温可稍高一些，但不能超过七成热。

油煎法所适合的品种有千层饼、煎糯米饼（图 7-2-11）等。制品的特点是两面为金黄色，口感香脆。

图 7-2-11 煎糯米饼成品

为保证制品质量，除掌握操作方法外，还应注意以下两个关键。

（1）将锅不断转动位置，或移动制品位置，使之受热均匀，成熟一致。

（2）煎多量制品时，要从锅的四周开始放，最后放中间，防止焦煳、生熟不匀等现象。

❷ **煎炸法** 煎炸法与油煎法相似，只不过多了一道炸的工序，行业称这种方法为半煎半炸法。

煎炸法一般是先煎后炸。首先把平锅内抹一层薄薄的油，放入制品，把制品正面煎成金黄色，翻过来再煎反面，同时加油把制品内部炸熟，但加油量不可超过制品厚度的一半，此法煎的时间较短，炸的时间较长，如"鲜肉酥卷"等。制品特点是金黄色，外香脆，内软嫩。

❸ **水油煎法** 将平锅烧热，抹一层薄薄的油，把制品从锅的四周至中间摆好。稍煎一会，然后洒上几次少量清水（或粉浆），每洒一次就盖紧锅盖，使水产生蒸汽，使制品成熟。

图 7-2-12　水煎包成品

水油煎的制品受油温、锅底和蒸汽三种热的影响。因此成品特点是底部金黄、香脆、上部柔软、色白、油光鲜明，形成一种特殊风味。如锅贴、水煎包（图 7-2-12）等。

为全面掌握水油煎的方法，操作时还应注意以下几个关键。

（1）不断移动锅位，使制品成熟一致。

（2）每次洒水的数量不可过多，并要盖紧锅盖，防止蒸汽散失而影响制品质量。

（3）掌握好火候与油温。油的温度一般应保持在 160～180 ℃。

（4）制品成熟后，要听锅中是否有水炸声，若无水炸声，方可开锅。

（5）装盘上桌时，要将成品底面朝上，以示其金黄色泽。

三、烤、烙

（一）烤

烤，又叫烘、炕，即把成型的面点生坯放入烤盘中送入烤炉内，利用炉内的高温使其成熟的一种方法。

烘烤是一项较精细的工艺技术，由于炉内的温度较高，所以操作时稍有疏忽就会给面点质量带来直接影响。面点制品在受热烘烤中，热量是由传导、对流和辐射三种形式传递的，使制品定型、着色以致成熟。

传导：通过铁烤盘或模具受热直接传给面点制品的生坯。

对流：炉内的空气与面点表面的热蒸汽对流时，面点可吸收部分热量。

辐射：炉内热源为辐射红外线，直接被面点接受。

上述三种方式在面点的成熟过程中是混合进行的，但起主要作用的是热传导和热辐射。这种烤制品的主要特点是制品在炉内受热均匀，表面色泽鲜明，形态美观，口味较多，其组织或外酥脆，内松软，或内外绵软，富有弹性。用于烘烤成熟的制品范围较广，主要有膨松面团、油酥面团等，如面包、蛋糕、各种火食（图 7-2-13、图 7-2-14）、饼类、酥点（图 7-2-15）等。从普通面食到精细面点都能制作。

❶ **烤制的基本原理** 任何烤制品由生变熟，并形成金黄色或白色，组织膨松，香甜可口，富有弹性的特色，都是炉内高温的作用。

一般烤炉的炉温都在 200～250 ℃ 之间，最高的达 300 ℃。制品生坯进入炉内就受到高温的包围烘烤，淀粉和蛋白质立即发生物理、化学变化。这种变化从两个方面表现出来。一方面是制品表

糖酥杠子头
制作

图 7-2-13　糖酥杠子头成品

图 7-2-14　叉子火食成品

图 7-2-15　烤白皮酥成品

面的变化,当制品表面受到高温后,所含水分迅速蒸发,淀粉变成糊精,并发生糖分的焦化,形成了光亮、金黄、韧脆的外表;另一方面是制品内部的变化,制品的内部因不直接接触高温,受高温影响较小。据测定,在制品表面受 250 ℃ 高温时,制品内部始终不超过 100 ℃,一般在 95 ℃ 左右,加上制品内部含有无数气泡,传热也慢,水分蒸发较少。还因淀粉糊化和蛋白质凝固,发生水分再分配,形成了制品内部松软并有弹性的特点。

❷ **烤制的操作法及关键**　烤制的操作较简单。有的用烤盘入炉烤制,有的放入炉膛或贴在膛壁上烤制。前者因操作简便所以使用甚多,做法是将烤盘擦干净,在盘底抹一层薄油,放入生坯,把

131

炉温调节好,推入炉内,掌握成熟时间准时出炉,为了使制品熟透,有些厚、大制品可以在烤制前或烤制中在制品上扎些眼,再进行烤制。检查制品是否成熟时,可用手轻按制品的表面,若能还原即熟。还可用竹筷插入制品,拔出后无黏糊状即成熟。烤制成熟的制品,因其表面水分的蒸发,其重量较生坯有不同程度的减轻。为全面掌握烤制技术,除掌握操作方法外,还应注意以下几点。

(1)炉温要适当:烤制既然是高温起的作用,其关键在于掌握炉温。由于烤炉的种类较多,各种炉的结构不一样,面积、火位不同,炉内不同部位的温度也不同。特别是不同的品种要用不同的温度。所以,烤炉的温度掌握要比蒸、煮、炸、煎复杂得多。一般情况,各类品种所需的炉温大致有低温、中温、高温三种。

低温:温度在 170 ℃以下,适宜烘烤白皮酥点,保持其原色。

中温:温度在 170～220 ℃左右,适宜烘烤混酥、蛋糕等品种。制品表面色泽要稍重些,一般达到金黄色。

高温:温度在 220 ℃以上,适宜烘烤月饼、火食类,制品色泽较重,一般达到"老黄色"。

(2)及时调节炉温:烤制品是在高温中内外同时成熟的。成品外表要有硬壳,内部要求松软,其中火候是不好掌握的,不是外面焦煳,就是内部不熟。大多数品种都是采取"先高后低"的调节方法使制品表面达到上色的目的。外表上色后,就要降低炉温,使制品内部慢慢成熟,达到内外成熟一致的目的。另外还应注意面火、底火的调整,即同一品种不同阶段各有不同的要求。如蛋糕类(图7-2-16),第一、二阶段底火要大,第三阶段要面火大,酥皮类要求恒温烘烤。又如面包的烘烤,第一阶段面火要低、底火要高。这样既可避免面包表面很快定型,又能使面包膨胀适度,第二阶段面火、底火都要高,使面包定型,第三阶段逐步降低面火、底火,使面包表面焦化,形成鲜明色泽,并增加香味。

图 7-2-16　戚风蛋糕

(3)掌握烤制时间:烤制品的成熟度与温度的高低和烘烤时间的长短有密切的联系。炉温的高低与烤制时间的长短既是相辅相成的又是相互制约的。如果炉温低、时间长会使制品水分全部蒸发,造成制品干硬;炉温低,时间短则使制品不易成熟或易变形。若炉温高、时间长,制品则外煳内硬甚至炭化;而炉温高、时间短,会使制品外焦内嫩或不熟。在实际操作中,必须根据制品块形的大小、厚薄、原材料的处理情况及炉温的高低来掌握烤制的时间。

(4)制品不可乱动:烤制时,制品一般不要乱动,特别是蛋糕和面包类,若乱动,易使制品出现跑气、塌陷、成熟不一的现象。

(5)控制炉内湿度:在烘烤中还应注意炉内的湿空气和制品本身水分的蒸发在炉内形成的热气流,这种热气流湿度适当时,可使制品上色轻而均匀,恰到好处。对含油、含糖量少的品种要注意加强对流热。对流热的强弱受开关炉门和其他外界环境的影响(气候、室温)。若要增加炉内湿度,只要用一只铁罐盛水放在炉气口上即可。

（二）烙

烙，是把成型的生坯，摆放在平锅内，通过锅底传热，使制品成熟的方法。

烙是一种应用比较普遍的熟制法。由于热量主要来自锅底，且温度较高，烙时制品的两面反复接触锅底，直至成熟。所以，成品的特点是皮面香脆，内里柔软，外呈金黄色，类似虎皮的花斑状。烙制法所适应的范围主要有水调面团、酵母膨松面团、米粉面团、粉浆等。如单饼、春饼、大饼、烧饼、煎饼等，根据不同的品种需要，烙主要分为干烙、刷油烙、加水烙三种。

❶ 干烙　干烙是指将成型的制品放入锅内，既不刷油又不洒水，利用锅底传热，使其成熟的方法。干烙的操作方法是先将锅烧热，放入制品，先烙一面，再烙另一面，直至成熟。烙制品根据品种不同，火候要求也不相同。如薄饼类的单饼、春饼（图 7-2-17）等，火就要旺，烙制也要快。中厚饼类的大饼、烧饼等，要求火力适中。较厚的饼类如包馅、加糖面团制品，要求火力稍低。操作时，必须按不同要求，掌握火力大小、温度高低。同时还必须不断移动锅的位置和制品位置。烙的制品一般质量较大，锅在受热后，一般是中间部位温度高，边缘部位温度低。为使制品均匀受热，大多数制品在烙制到一定程度后，就要移动部位，使制品的边缘转到锅的中心。这样制品就能全面均匀地受热成熟，不致出现中间焦煳，边缘夹生的现象。行业常说，烙饼要"三翻九转"，就是这个道理。

春饼制作

图 7-2-17　春饼成品

❷ 刷油烙　刷油烙的方法和要点均和干烙相同。只是在烙的过程中或在锅底刷少许油，或在制品表面刷少许油。每翻动一次就刷一次。制品的成熟，主要靠锅底传热。油脂也起到一定作用，如家常饼（图 7-2-18）等。在操作时，还要注意以下两点：①无论锅底或制品表面，刷油时一定要少（比油煎要少）。②刷油要均匀，并用清洁熟油。

图 7-2-18　家常饼成品

③ 加水烙　加水烙是用铁锅和蒸汽联合传热的熟制方法。从做法上看和水油煎相似,风味也大致相同,但水油煎法是在油煎后洒水焖熟,加水烙法是在干烙的基础上洒水焖熟。加水烙在洒水前的做法和干烙完全一样。但只烙一面,即把一面烙成焦黄色后,洒少许水,盖上盖,边烙制边蒸焖直至制品成熟。操作时,要掌握以下关键:①洒水要洒在锅最热的地方,使之很快产生气体。②如一次洒水蒸焖不熟,就要再次洒水,一直到成熟为止。③每次洒水量要少,宁可多洒几次,也不要一次洒得太多,以防制品烂糊。

面点制品的熟制方法,除上述几种主要的单加热法外,有的还需经两次或两次以上加热过程的复合加热成熟方法。这些方法,基本上和菜品烹调相同,归纳起来大致可分为两类。

(1) 蒸或煮成半成品后,再经煎、炸或烤制成熟的,如油炸包、伊府面、烤馒头等。

(2) 将蒸、煮、烙成的半成品,再加调味配料烹制成熟的。如蒸拌面、炒面、烩饼等。这些方法已与菜肴烹调结合在一起,变化也很多,需有一定的烹调技术才能掌握。

→ 模块小结

熟制是成品制作的最后一道工序,也是决定成品质量好坏的最后一关,本模块通过对熟制质量标准的分析说明,对各类制品生坯成熟的方法、成熟原理、技术要领、关键环节进行讲解,引导大家了解熟制技术要点,弄懂技术关键,使大家在实践中能够迅速理解技术要领,完成技术动作。

→ 思考与练习

1. 什么叫熟制? 熟制的质量标准从哪些方面来检验?
2. 简述蒸制的特点及其成熟原理。
3. 蒸制的操作方法和应掌握的关键是什么?
4. 煮制的操作方法和应掌握的关键是什么?
5. 炸制的油温可分为几类? 操作中各应怎样掌握?
6. 煎可分为几种方法? 各应怎么操作?
7. 烤制的成熟原理是什么? 操作时,应怎样掌握炉温?
8. 烙可分为几种方法? 各应怎样操作?

▶ 主要参考文献

［1］ 钟志惠.面点制作工艺［M］.2 版.南京:东南大学出版社,2012.

［2］ 李文卿.面点工艺学［M］.北京:中国轻工业出版社,1999.

［3］ 刘雪峰,孙录国.中西式面点实训教程［M］.北京:中国轻工业出版社,2018.